JN218795

美しい
共生鉱物 の
図 鑑

Paragenesis of Beautiful Minerals

小野塚謙太

監修＝松原 聰

X-Knowledge

はじめに

　2種類以上の鉱物が共生した標本、いわゆる「共生標本」は、見た目の華やかさ、科学的好奇心をかきたてる形態、一体で複数の鉱物が観察できる割りのよさなどから、鉱物愛好家の間で人気が高い。

　そもそも鉱物は、複数の種類が同時に生成されるのが普通で、共生そのものは決して珍しい状態ではない。だが、共生標本には鉱物を観察する上でのすばらしい利点がひとつある。それは、「産状」が読み取りやすい、ということだ。「産状」とはすなわち、鉱物が生じた際の状態や成因、生成場のこと。

　共生標本には個々の「産状」を解読するためのヒントが、さまざまに隠されている。あるいは逆に、生成場の地質状況を知れば、それに符合する「産状」が標本上に少なからず見いだせる。単体の鉱物を見るだけではわからないことが、複数の鉱物の共生を通して見えてくるのだ。

　本書では、世界各国の共生標本全83体を、7つの産状ごとに分けてご紹介する。標本個々の魅力や見どころをお伝えするとともに、美しい鉱物が生成される仕組みも、なるべくわかりやすいよう記した。

　地下世界の秘密を知る上で、共生鉱物たちはあなたの、恰好のガイドになってくれるに違いない。

目次

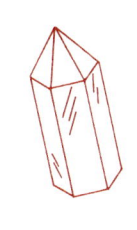

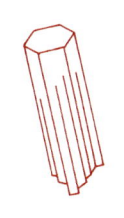

第1章 火成・熱水作用でできた共生標本

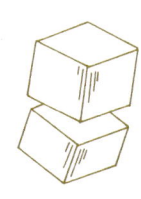
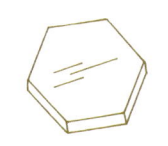

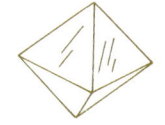

第2章 堆積作用でできた共生標本

第3章 変成作用でできた共生標本

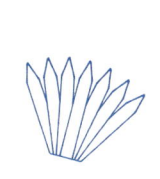

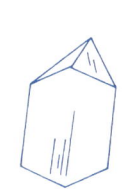
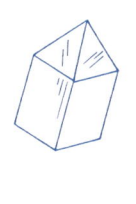
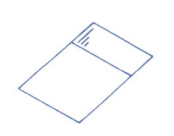

ブックデザイン　鈴木成一デザイン室

イラストレーション　加納徳博

DTP　天龍社

編集　鴨田彩子

印刷　シナノ書籍印刷

共生鉱物とはなにか？

岩石鉱物学の世界には「共生」と「共存」という、ふたつの言葉がある。
「共生」とは、複数種の鉱物が同時に安定した状態で生じること。一方、別々のタイミングで生じた共生以外の鉱物の集合を「共存」と呼ぶ。

「共生」と「共存」
鉱物集合へのまなざし

鉱物趣味の世界において、これらは必ずしも厳密に区別されている訳ではない。各標本を逐一分類し、「共生標本」「共存標本」などと呼び分けるのは煩雑で、非現実的だ。本書でも登場する鉱物の集合体をひとまず一律に、「共生」と呼んでい

る。ただし、鉱物を観察する際、相伴う鉱物同士の関係に着目することは重要である。それはなぜか？

水晶単独の標本（左）と水晶、菱マンガン鉱の共生標本（右）。自然界においては通常、複数の鉱物が共生する。

水晶と共生した鉱物の標本。
左から36・47・26・42、
紫水晶と葡萄石

複数の鉱物の「共生」が地中の姿を雄弁に語る

例えば、「共生」しやすい鉱物、あるいは「共生」し得ない鉱物を知っていれば、同定が難しい鉱物でも伴っている鉱物から正体を推定できる。また、鉱物はそれぞれ、安定して生成する圧力温度の上限と下限を持っている。鉱物が複数「共生」していれば、その上限・下限の範囲が自ずとしぼられ、生成時の環境がわかる。ひいては産状の理解につながる。

鉱物同士の関係がより多くの情報をもたらす

一方、鉱物が互いにどう重なりあって「共存」しているかを見れば、生成順序がわかり、地域の地質学的な推移がわかる。こうした観察の積み重ねが、やがて地球規模の地殻変動をひも解く鍵となる。相伴う鉱物同士は、鉱物単体とは比較にならないほど多くのことを教えてくれるのだ。

よって本書でも、こうした関係に着目し、区別がつく、もしくは推察できる場合には「共生」と「共存」を使いわけていく。

よく「地球からのメッセンジャー」に例えられる鉱物だが、彼らは仲間といると、より雄弁になるのである。

鉱物とはなにか？

　古来、人間は鉱物を利用して、文明・文化を発達させてきた。

　石器の使用に始まり、石で顔料や墳墓、家を作り、金属の採掘・冶金によって武器・工具・農具に変革をもたらした。宝石で身を飾り、貴金属の通貨で貨幣経済の基盤を作り、やがて蒸気機関が生まれると、石炭の大量消費のもと、産業革命を起こした。その後も度重なる技術革新によって、鋼鉄は大都市と車社会を形作り、合金はジャンボ機や宇宙ロケットを、特殊金属は核融合炉を生んだ。そして現代、海底ではレアメタルが探査され、軽合金の宇宙探査機が地球から230億キロの彼方を航行中である。

　人間とかくも長く、深い関わりを持つ鉱物。だが、鉱物とは果たしてなんだろう？

　自分たちが立っている大地を見下ろしてみる。これがすでに鉱物のかたまりだと言ったら、あなたは驚くだろうか。

鉱物が岩石を、岩石が地殻やマントルを作る

　土の主成分である砂と粘土は、主に鉱物からできている。その下に横たわる岩盤・地殻は岩石の集積だが、この岩石を構成しているのは「造岩鉱物」と呼ばれる鉱物である。

　地殻の下で、地球の全体積の83%を占めているマントルは、マグマそのものと誤解されやすい。しかし、このマントルは主に「橄欖岩（かんらんがん）」という岩石でできている。さらにマントルが包

んでいる地球の核は、鉄やニッケルでできた金属の球体である。

そう、一言で言えば、我々の立つこの地球は鉱物でできているのだ。

「 美 し い 鉱 物 」 と い う 奇 跡

鉱物は「一定の化学組成と、特定の結晶構造を備えて、天然に産出された固体の無機物である」と定義できる（一部例外をのぞく）。

こうした定義は、透き通った水晶のような、美しい結晶を想起させる。だが実際、大きな地球の内部で、果たしてどれだけの鉱物が、万人の目をひくような、肉眼的な美しい結晶を形づくっているのか。

地殻の 65% を占める「火成岩」の中では、鉱物の大半が、目立たない斑晶や石基（微細結晶やガラス質の部分）の一部として存在している。また地殻の 27% を占める「変成岩」の中では、大半が微細結晶として片状組織やモザイク状の組織を成し、上部マントルの橄欖岩の中では、粒状結晶が等粒状組織を形成している。

▎美しい結晶が育つには
▎さまざまな条件が求められる

人々に愛される美しい自形結晶の鉱物は、そんな「地味」な鉱物たちの中にほんのひと握りしか見つからない、いわば例外的な存在と言える。それらは基本的に、のびのび育てる空間を必要とし、材料となる元素を周囲の液体やガスから豊富に供給され、ゆっくり時間をかけることで作られる。しかも、のちの地殻変動によるダメージをなるべく受けずに産出しなければならない。つまり、数々の偶然に恵まれた幸運の持ち主なのだ。

人は美しい鉱物を前に時折、首をひねる。「なぜこんなにきれいなものが自然に生まれたのか」と。無理もない。それは、それ自体がひとつのささやかな奇跡なのだから。

標本は左ページ：56／右ページ：78（上）・75（下）

9

掲載鉱物一覧

17ページからの標本に登場する
鉱物の基本データ

本書における通し番号
（名称、グループ名の五十音順）

名称	アウゲル石
英名	Augelite
分類	燐酸塩鉱物
化学式	Al2(PO4)(OH)3
晶系	単斜晶系
硬度	4.5～5
色	無色、白色、淡黄色、黄緑色など
備考	アップルグリーンの結晶が印象的な、アルミニウムの燐酸塩鉱物。

鉱物の情報。
詳細は
下を参照

①**名称**　主に和名。宝石名が一般的に定着している鉱物は宝石名で表記した。

②**英名**　国際鉱物学連合(IMA)が学術的に承認したとしてデータベースに登録されているもの。

③**分類**　化学組成によって分けられた所属グループ。

④**化学式**　その鉱物が持つ固有の化学式。構成元素の種類と比を表す。

⑤**晶系**　その鉱物の結晶の対称性による分類。7種類に分けられる。

⑥**硬度**　モース硬度の値。鉱物をひっかいた時の傷つきにくさにより、硬い順に10から1で示す。

⑦**色**　その鉱物が呈する色。

⑧**備考**　特徴、外形、補足など。

No.1 ▶ No.30

No.1

① アウゲル石
② Augelite
③ 燐酸塩鉱物
④ Al2(PO4)(OH)3
⑤ 単斜晶系
⑥ 4.5～5
⑦ 無色、白色、淡黄色、黄緑色など
⑧ アップルグリーンの結晶が印象的な、アルミニウムの燐酸塩鉱物。

No.2

① 亜鉛孔雀石
② Rosasite
③ 炭酸塩鉱物
④ (Cu·Zn)2(CO3)(OH)2
⑤ 単斜晶系
⑥ 4.5
⑦ 緑色、青緑色
⑧ 孔雀石の部分亜鉛置換体。皮殻状集合体や放射状集合体を成す。

No.31 ▶ No.60

No.31

① コランダム var. ルビー
② Corundum var. Ruby
③ 酸化鉱物
④ Al2O3
⑤ 三方晶系
⑥ 9
⑦ 赤系～紫色
⑧ ダイヤモンドに次ぐ硬度を持つ。赤系の結晶がルビー。

No.32

① 自然金
② Gold
③ 元素鉱物
④ Au
⑤ 立方晶系
⑥ 2.5～3
⑦ 黄金色
⑧ 天然に産出した金。銀や銅などが含まれていて、純金で出ることはまれ。

No.61 ▶ No.91

No.61

① 束沸石
② Stilbite
③ ケイ酸塩鉱物
④ (Ca,NA2)4(Na,K)Al9Si27O72・28H2O
⑤ 単斜晶系
⑥ 3.5～4
⑦ 薄ピンクなど
⑧ 板柱状結晶を束ねたような集合体から命名された、沸石の一種。

No.62

① トムソン沸石
② Thomsonite
③ ケイ酸塩鉱物
④ (NaCa2)(Al5Si5O20)・6H2O
⑤ 直方晶系
⑥ 5～5.5
⑦ 薄ピンクなど
⑧ ケイ酸分の少ない沸石。薄ピンクや淡黄色の放射状集合体を多く成す。

―――（No.59から）沸石グループ―――

No.3

① アダム石
② Adamite
③ ヒ酸塩鉱物
④ $Zn_2(AsO_4)(OH)$
⑤ 直方晶系
⑥ 3.5
⑦ 黄色~緑色、青色、ピンク、紫色など
⑧ 亜鉛とヒ素を含む酸化帯に生成。結晶構造が似た鉱物にイヅ石がある。

No.4

① アホー石
② Ajoite
③ ケイ酸塩鉱物
④ $(Na,K)Cu_7Al(Si_9O_8)(OH)_6 \cdot 3H_2O$
⑤ 三斜晶系
⑥ 3.5
⑦ 青、青緑
⑧ 繊維状結晶の集合体が多い。写真のように水晶に内包された標本が有名。

No.5

① あられ石
② Aragonite
③ 炭酸塩鉱物
④ $CaCO_3$
⑤ 直方晶系
⑥ 3.5~4
⑦ 無色、白色、淡紫色、ピンクなど
⑧ 方解石と同質異像の鉱物。針状・柱状結晶の集合体などを成す。

No.6

① 異極鉱
② Hemimorphite
③ ケイ酸塩鉱物
④ $Zn_4Si_2O_7(OH)_2 \cdot H_2O$
⑤ 直方晶系
⑥ 4.5~5
⑦ 白色、淡青色など
⑧ 両端の形状が異なる薄板状結晶の他、球状・葡萄状の集合体を形作る。

No.7

① 金雲母
② Phlogopite
③ ケイ酸塩鉱物
④ $KMg_3AlSi_3O_{10}(OH)_2$
⑤ 単斜晶系
⑥ 2~3
⑦ 灰色、褐色など
⑧ 六角短柱状・薄片状の結晶形を示す。鉄雲母との間に固溶体を作る。

No.33

① 自然銀
② Silver
③ 元素鉱物
④ Ag
⑤ 立方晶系
⑥ 2.5~3
⑦ 銀白色
⑧ 天然に産出した銀。延性と展性に富み、鬚状・樹枝状・箔状などを成す。

No.34

① 自然銅
② Copper
③ 元素鉱物
④ Cu
⑤ 立方晶系
⑥ 2.5~3
⑦ 銅赤色
⑧ 空気で酸化し、表面が赤褐色や黒褐色になる。標本の保管には注意が必要。

No.35

① 重晶石
② Baryte(Barite)
③ 硫酸塩鉱物
④ $BaSO_4$
⑤ 直方晶系
⑥ 3~3.5
⑦ 無色、白色、黄色、褐色、青色など
⑧ 板状結晶が多い。花弁状になった集合体は「砂漠の薔薇」と呼ばれる。

No.36

① 辰砂
② Cinnabar
③ 硫化鉱物
④ HgS
⑤ 三方晶系
⑥ 2~2.5
⑦ 深紅、赤褐色
⑧ 水銀の硫化鉱物。英名は「竜の血」を意味する中東の言葉に由来する。

No.37

① 翠銅鉱
② Dioptase
③ ケイ酸塩鉱物
④ $CuSiO_3 \cdot H_2O$
⑤ 三方晶系
⑥ 5
⑦ 青緑色、濃緑色
⑧ 銅の典型的な二次鉱物で、産出は比較的まれ。どこか物憂げな深緑が魅力。

No.63

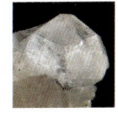

① 方沸石
② Analcime
③ ケイ酸塩鉱物
④ $NaAlSi_2O_6 \cdot H_2O$
⑤ 立方晶系、正方晶系など
⑥ 5~5.5
⑦ 白色、灰色など
⑧ 粒状の他、白榴石に似た偏菱二十四面体の自形結晶をよく作る。

No.64

① ブラジル石
② Brazilianite
③ 燐酸塩鉱物
④ $NaAl_3(PO_4)_2(OH)_4$
⑤ 単斜晶系
⑥ 5.5
⑦ 黄色、緑、無色など
⑧ 限られた条件のもと、ペグマタイト内に生じる。自形は先の尖った柱状。

No.65

① プランシェ石
② Plancheite
③ ケイ酸塩鉱物
④ $Cu_8Si_8O_{22}(OH)_4 \cdot (H_2O)$
⑤ 直方晶系
⑥ 5.5~6
⑦ 淡青色、濃青色など
⑧ 青い針状結晶が球状集合体を作る、銅のケイ酸塩鉱物。プランシェ石とも。

No.66

① ブロシャン銅鉱
② Brochantite
③ 硫酸塩鉱物
④ $Cu_4SO_4(OH)_6$
⑤ 単斜晶系
⑥ 3.5~4.0
⑦ 淡緑~濃緑色、黒色など
⑧ 針状・柱状の結晶が放射状集合体になることが多い、緑色の二次鉱物。

No.67

① ベスブ石
② Vesuvianite
③ ケイ酸塩鉱物
④ $Ca_{19}(Al,Mg,Fe,Mn)_{13}(SiO_4)_{10}(Si_2O_7)_4(OH,F,O)_{10}$
⑤ 正方晶系
⑥ 6.5
⑦ 黄色、ピンク、緑色、褐色など
⑧ 代表的なスカルン鉱物。

No.8

① 白雲母
② Muscovite
③ ケイ酸塩鉱物
④ KAl₂(Si₃Al)O₁₀(OH)₂
⑤ 単斜晶系
⑥ 2.5〜3.5
⑦ 白色、淡黄色など
⑧ 広く産出する造岩鉱物。星型の結晶は「スターマイカ」と呼ばれ、人気。

No.9

① リチア雲母
② Lepidolite
③ ケイ酸塩鉱物
④ K(Li,Al)₃Si₄O₁₀F₂
⑤ 単斜晶系
⑥ 2.5〜4
⑦ 白色、灰色、ピンク、紫色など
⑧ 独立種ではなく、ポリリチア雲母-トリリチア雲母間の系列名。

No.10

① 鋭錐石
② Anatase
③ 酸化鉱物
④ TiO₂
⑤ 正方晶系
⑥ 5.5〜6
⑦ 褐色、灰黒色、濃藍色など
⑧ ルチルと同質異像の関係にある鉱物。鋭い両錐状の結晶を作る。

No.11

① エレミヤ石
② Jeremejevite
③ ホウ酸塩鉱物
④ Al₆B₅O₁₅(F,OH)₃
⑤ 六方晶系
⑥ 6.5〜7.5
⑦ 無色、白色、淡黄色、青色など
⑧ 稀産。自形は整った柱状で、写真は融触された結晶だが、ともに魅力的。

No.12

① 黄鉄鉱
② Pyrite
③ 硫化鉱物
④ FeS₂
⑤ 立方晶系
⑥ 6〜6.5
⑦ 真鍮色、真鍮黄色
⑧ 自然に生まれたとは思えない立方体で、よく鉱物初心者を驚かせている。

――――― No.7〜9雲母グループ ―――――

No.38

① 石英
② Quartz
③ ケイ酸塩鉱物
④ SiO₂
⑤ 三方晶系
⑥ 7
⑦ 無色、黒色、ピンク、紫色、黄色など
⑧ 透明な結晶は水晶と呼ばれ、色や形の変化でさまざまな呼び名がつく。

No.39

① 赤鉄鉱
② Hematite
③ 酸化鉱物
④ Fe₂O₃
⑤ 三方晶系
⑥ 5〜6
⑦ 鋼灰色、黒色、赤色、鉄黒色など
⑧ 鉄の重要鉱物。腎臓状の集合体が典型的。鱗片状結晶なども見られる。

No.40

① 石墨
② Graphite
③ 元素鉱物
④ C
⑤ 六方晶系
⑥ 1.5
⑦ 黒色
⑧ ダイヤモンドと同質異像の鉱物だが、鉛筆の芯に利用されるほど軟らかい。

No.41

① 閃亜鉛鉱
② Sphalerite
③ 硫化鉱物
④ (Zn,Fe)S
⑤ 立方晶系
⑥ 3.5〜4
⑦ 黄色、赤褐色、黒褐色、黒色など
⑧ 亜鉛の重要な鉱石。含有する鉄分が多くなるほど、色が黒ずむ。

No.42

① 正長石 var. 氷長石
② Orthoclase var. Adularia
③ ケイ酸塩鉱物
④ KAlSi₃O₈
⑤ 単斜晶系
⑥ 6
⑦ 無色、白色など
⑧ 氷長石は正長石の変種。短柱状、菱面体の結晶形をよく示す。

No.68

① ベゼリ石
② Veszelyite
③ 燐酸塩鉱物
④ (Cu²⁺,Zn)₃(PO₄)(OH)₃·2H₂O
⑤ 単斜晶系
⑥ 3.5〜4
⑦ 緑青色、濃青色
⑧ 深い青と牙状の結晶が印象的な、銅と亜鉛の二次鉱物。稀産である。

No.69

① ベニト石
② Benitoite
③ ケイ酸塩鉱物
④ BaTiSi₃O₉
⑤ 六方晶系
⑥ 6〜6.5
⑦ 無色、青色、紫色、青緑色など
⑧ 三角板状や六角板状の結晶形を示す。原産地の美しい標本はすでに絶産。

No.70

① ベリル
② Beryl
③ ケイ酸塩鉱物
④ Be₃Al₂Si₆O₁₈
⑤ 六方晶系
⑥ 7.5〜8
⑦ 青色、緑色、黄色、ピンク、赤色など
⑧ 色により「アクアマリン」「エメラルド」等の宝石名を持つ人気の鉱物。

No.71

① ベルトラン石
② Bertrandite
③ ケイ酸塩鉱物
④ Be₄Si₂O₇(OH)₂
⑤ 直方晶系
⑥ 6〜7
⑦ 無色、淡黄色
⑧ ベリルに次ぐベリリウムの鉱石。薄板状・角柱状・針状の結晶を作る。

No.72

① 方鉛鉱
② Galena
③ 硫化鉱物
④ PbS
⑤ 立方晶系
⑥ 2.5
⑦ 鉛灰色、銀白色
⑧ 鉛の主要鉱石。質感はメタリックだが劈開完全。立方体の形に割れる。

No.13

① 黄銅鉱
② Chalcopyrite
③ 硫化鉱物
④ $CuFeS_2$
⑤ 正方晶系
⑥ 3.5～4
⑦ 真鍮黄色
⑧ 重要な銅の鉱石。黄鉄鉱と混同されがちだが結晶形が異なり、軟らかい。

No.14

① 斧石
② Axinite
③ ケイ酸塩鉱物
④ $(Ca,Mn)_2(Fe,Mg,Mn)Al_2BSi_4O_{15}OH$
⑤ 三斜晶系
⑥ 6.5～7
⑦ 褐色、灰色、紫色、黄色、黒色など
⑧ 斧のように扁平で稜が鋭い形から、その名がついた。

No.15
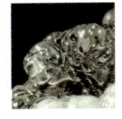

① オパール var. 玉滴石
② Opal var. Hyalite
③ ケイ酸塩鉱物
④ $SiO_2 \cdot nH_2O$
⑤ 非晶質
⑥ 5.5～6.5
⑦ 無色、白色、淡緑色など
⑧ オパールの変種。結晶構造を持たないため、球状ないし不定形になる。

No.16

① グロッシュラー
② Grossular
③ ケイ酸塩鉱物
④ $Ca_3Al_2(SiO_4)_3$
⑤ 立方晶系
⑥ 6.5～7
⑦ 茶色、橙色、赤色、黄色、緑色など
⑧ カルシウムとアルミニウムが主成分のガーネット。色合いが豊富。

No.17

① スペサルティン
② Spessartine
③ ケイ酸塩鉱物
④ $Mn^{2+}_3Al_2(SiO_4)_3$
⑤ 立方晶系
⑥ 7～7.5
⑦ 赤色、橙色、黄色、褐色など
⑧ マンガンとアルミニウムが主成分のガーネット。橙～赤系の結晶が多い。

——— ガーネットグループ ———

No.43

① 曹長石
② Albite
③ ケイ酸塩鉱物
④ $NaAlSi_3O_8$
⑤ 三斜晶系
⑥ 6～6.5
⑦ 白色、淡黄色、ピンクなど
⑧ 造岩鉱物。方解石と同じく、共生標本では名脇役となることが多い。

No.44

① 微斜長石 var. アマゾナイト
② Microcline var. Amazonite
③ ケイ酸塩鉱物
④ $KAlSi_3O_8$
⑤ 三斜晶系
⑥ 6
⑦ 水色、青色など
⑧ 美しい青色のものは宝石名「アマゾナイト」と呼ばれる。

No.45

① 灰電気石
② Uvite
③ ケイ酸塩鉱物
④ $(Ca,Na)(Mg,Fe)_3Al_6(BO_3)_3Si_6O_{18}(OH,F)_4$
⑤ 三方晶系
⑥ 7.5
⑦ 褐色、緑色、黒色など
⑧ カルシウム（灰）を多く含む。

No.46

① 苦土電気石
② Dravite
③ ケイ酸塩鉱物
④ $NaMg_3Al_6(BO_3)_3Si_6O_{18}(OH)_4$
⑤ 三方晶系
⑥ 7
⑦ 褐色、暗褐色、黒色、緑黒色、緑色など
⑧ マグネシウム（苦土）に富む。

No.47

① 苦土フォイト電気石
② Magnesio-foitite
③ ケイ酸塩鉱物
④ $(Mg_2Al)Al_6(Si_6O_{18})(BO_3)_3(OH)_4$
⑤ 三方晶系
⑥ 7
⑦ 灰緑色、灰青色など
⑧ 山梨県で発見された。毛状・針状の集合体が多い。

——— 長石グループ ———　——— 電気石グループ ———

No.73

① 方解石
② Calcite
③ 炭酸塩鉱物
④ $CaCO_3$
⑤ 三方晶系
⑥ 3
⑦ 無色、白色、淡黄色、ピンクなど
⑧ 主要な炭酸塩鉱物のひとつ。さまざまな形状をとる、共生標本の名脇役。

No.74

① 蛍石
② Fluorite
③ ハロゲン化鉱物
④ CaF_2
⑤ 立方晶系
⑥ 4
⑦ 無色、青色、紫色、緑色、ピンクなど
⑧ 多彩な色調や形、蛍光の面白さで、鉱物趣味の入口となることが多い。

No.75

① ボレオ石
② Boleite
③ ハロゲン化鉱物
④ $KPb_{26}Ag_9Cu_{24}Cl_{62}(OH)_{48}$
⑤ 立方晶系
⑥ 3～3.5
⑦ 濃藍色
⑧ 塩素に富んだ立方体の鉱物で、産出はまれ。銅や鉛を含む酸化帯に生成。

No.76

① マンガン重石
② Hübnerite
③ タングステン酸塩鉱物
④ $MnWO_4$
⑤ 単斜晶系
⑥ 4～4.5
⑦ 黒、濃赤色、黄褐色～茶褐色など
⑧ 柱状や短柱状で、条線が発達する。深紅の結晶はまれ。

No.77

① ミメット鉱
② Mimetite
③ ヒ酸塩鉱物
④ $Pb_5(AsO_4)_3Cl$
⑤ 六方晶系
⑥ 3.5～4
⑦ 黄色、橙色、緑色、褐色、白色など
⑧ 小さな柱状結晶や球状の集合体が、にぎやかに集まった標本が目立つ。

No.18	No.19	No.20	No.21	No.22

No.18
① 灰簾石
② Zoisite
③ ケイ酸塩鉱物
④ $Ca_2Al_3(Si_2O_7)$ $(SiO_4)O(OH)$
⑤ 直方晶系
⑥ 6〜7
⑦ 灰色、緑色など
⑧ 全体が青〜青紫のタイプは宝石名で「タンザナイト」と呼ばれ、人気。

No.19
① カバンシ石
② Cavansite
③ ケイ酸塩鉱物
④ $Ca(V^{4+}O)Si_4O_{10}$・$4(H_2O)$
⑤ 直方晶系
⑥ 3〜4
⑦ 青色、緑青色
⑧ 青い放射状集合体が印象的な鉱物。沸石類との共生で知られる。

No.20
① カレドニア石
② Caledonite
③ 硫酸塩—炭酸塩鉱物
④ $Pb_5Cu_2(SO_4)_3$ $(CO_3)(OH)_6$
⑤ 直方晶系
⑥ 2.5〜3
⑦ 濃青、青緑
⑧ 水色が美しい、鉛と銅の二次鉱物。非常に珍しい。

No.21
① 魚眼石
② Apophyllite
③ ケイ酸塩鉱物
④ $KCa_4Si_8O_{20}$ (F,OH)・$8H_2O$
⑤ 正方晶系
⑥ 5
⑦ 淡緑色、淡ピンク、淡青色など
⑧ 水平方向に劈開があり、劈開面は強い真珠光沢を放つ。

No.22
① 苦灰石
② Dolomite
③ 炭酸塩鉱物
④ $CaMg(CO_3)_2$
⑤ 三方晶系
⑥ 3.5〜4
⑦ 無色、白色、灰色、淡黄色、淡褐色、ピンクなど
⑧ 重要な造岩鉱物で、苦灰岩の主成分。

No.48	No.49	No.50	No.51	No.52
	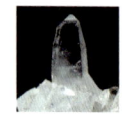			

No.48
① リチア電気石
② Elbaite
③ ケイ酸塩鉱物
④ $Na(Al_{1.5}Li_{1.5})Al_6$ $(Si_6O_{18})(BO_3)_3$ $(OH)_3OH$
⑤ 三方晶系
⑥ 7.5
⑦ 緑色、ピンク、青色、黄色など
⑧ リチウムに富むカラフルな鉱物。

No.49
① 天青石
② Celestine
③ 硫酸塩鉱物
④ $SrSO_4$
⑤ 直方晶系
⑥ 3〜3.5
⑦ 無色、白色、淡青色、淡黄色など
⑧ 石灰質堆積岩の空洞によく産出する。マダガスカルのノジュールは有名。

No.50
① 天藍石
② Lazulite
③ 燐酸塩鉱物
④ $MgAl_2(PO_4)_2$ $(OH)_2$
⑤ 単斜晶系
⑥ 5.5〜6
⑦ 淡青色から濃青色、青緑色など
⑧ カナダ産の美結晶は、奥行きのある青が印象に残る。

No.51
① 透輝石
② Diopside
③ ケイ酸塩鉱物
④ $CaMgSi_2O_6$
⑤ 単斜晶系
⑥ 5.5〜6.5
⑦ 無色、白色、黄緑色、緑色、褐色など
⑧ ありふれた造岩鉱物だが、特定の環境下で美しい自形結晶を形成する。

No.52
① トパーズ
② Topaz
③ ケイ酸塩鉱物
④ $Al_2SiO_4(F,OH)_2$
⑤ 直方晶系
⑥ 8
⑦ 無色、黄色、ピンク、緑色、青色など
⑧ 古代から宝石として愛されてきた石。ペグマタイトによく生成する。

No.78	No.79	No.80	No.81	No.82

No.78
① モリブデン鉛鉱
② Wulfenite
③ モリブデン酸塩鉱物
④ $PbMoO_4$
⑤ 正方晶系
⑥ 2.5〜3
⑦ 無色、黄色、橙色、赤褐色、褐色など
⑧ 鉱石としては重要でないが、発色の鮮やかな標本は評判。

No.79
① ユークレース
② Euclase
③ ケイ酸塩鉱物
④ $BeAlSiO_4(OH)$
⑤ 単斜晶系
⑥ 6.5〜7.5
⑦ 青色、無色、白色、ピンクなど
⑧ 澄んだ青と条線が魅力的な希少石。劈開完全で、割れやすい。

No.80
① 藍鉄鉱
② Vivianite
③ 燐酸塩鉱物
④ $Fe_3^{2+}(PO_4)_2$・$8H_2O$
⑤ 単斜晶系
⑥ 1.5〜2
⑦ 無色、青色、緑色、紫色、黒色など
⑧ 美しい緑色の結晶が人気。化石を置換して生じるものも。

No.81
① 藍銅鉱
② Azurite
③ 炭酸塩鉱物
④ $Cu_3(CO_3)_2(OH)_2$
⑤ 単斜晶系
⑥ 3.5〜4
⑦ 青色、藍色
⑧ 青い鉱物の代表格。結晶面が多く、50面以上を数えることも珍しくない。

No.82
① 硫酸鉛鉱
② Anglesite
③ 硫酸塩鉱物
④ $PbSO_4$
⑤ 直方晶系
⑥ 2.5〜3
⑦ 無色、白色、黄色、緑色など
⑧ 方鉛鉱の酸化でできる鉱物。英名はアングルシー島での発見にちなむ。

No.23

1. くさび石
2. Titanite
3. ケイ酸塩鉱物
4. CaTiSiO$_5$
5. 単斜晶系
6. 5~5.5
7. 緑色、黄色、赤色、褐色、灰黒色など
8. くさび型の結晶からその名がついた鉱物。宝石名「スフェーン」。

No.24

1. 孔雀石
2. Malachite
3. 炭酸塩鉱物
4. Cu$_2$(CO$_3$)(OH)$_2$
5. 単斜晶系
6. 3.5~4
7. 緑色
8. 重要な銅鉱石。18世紀ロシアでは孔雀石の調度品、工芸品が栄えた。

No.25

1. 苦土橄欖石 var.ペリドット
2. Forsterite var. Peridot
3. ケイ酸塩鉱物
4. (Mg,Fe^{2+})$_2$SiO$_4$
5. 直方晶系
6. 6.5~7
7. 白色、黄～緑色、褐色など
8. 「ペリドット」は宝石名。

No.26

1. クリード石
2. Creedite
3. ハロゲン化鉱物
4. Ca$_3$Al$_2$(F,OH)$_{10}$(SO$_4$)・2H$_2$O
5. 単斜晶系
6. 3.5~4
7. 褐色、紫色など
8. 硫酸塩とフッ素を含む比較的珍しい鉱物。橙色や紫色のものが人気。

No.27

1. クリプトメレン鉱
2. Cryptomelane
3. 酸化鉱物
4. K(Mn^{4+},Mn^{2+})$_8$O$_{16}$
5. 単斜晶系
6. 5~6
7. 黒色、黒褐色
8. マンガンの鉱石。二酸化マンガンが主成分。結晶を示すものは見られない。

No.53

1. ニッケル華
2. Annabergite
3. ヒ酸塩鉱物
4. Ni$_3$(AsO$_4$)$_2$・8H$_2$O
5. 単斜晶系
6. 1.5~2.5
7. 緑色、黄緑色、薄ピンク、白色など
8. 肉眼的な大きさのものは限られるが、シャープな自形結晶は見事。

No.54

1. ネプチューン石
2. Neptunite
3. ケイ酸塩鉱物
4. KNa$_2$Li(Fe,Mn,Mg)$_2$Ti$_2$Si$_8$O$_{24}$
5. 単斜晶系
6. 5~6
7. 黒、暗赤色
8. 黒い柱状結晶を作る鉱物で、赤褐色の内部反射を示す。海王石とも言う。

No.55

1. パーガス閃石
2. Pargasite
3. ケイ酸塩鉱物
4. NaCa$_2$Mg$_4$Al$_3$Si$_6$O$_{22}$(OH)$_2$
5. 単斜晶系
6. 5~6
7. 淡褐色、緑色、暗緑色、黒色など
8. 角閃石の一種。変成した石灰岩の中によく産出する。

No.56

1. 白鉛鉱
2. Cerussite
3. 炭酸塩鉱物
4. PbCO$_3$
5. 直方晶系
6. 3~3.5
7. 無色、白色、灰色、淡褐色、黒色など
8. 鉛を含む酸化帯で作られる二次鉱物。柱状・卓状など結晶形は多様。

No.57

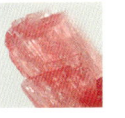

1. 薔薇輝石
2. Rhodonite
3. ケイ酸塩鉱物
4. (Mn^{2+},Ca)$_5$Si$_5$O$_{15}$
5. 三斜晶系
6. 5.5~6.5
7. ピンク、赤色、赤褐色、紫色など
8. 粒状や塊状が大半だが、まれに生じる透明な板状・柱状の結晶は目を奪う。

No.83

1. 菱亜鉛鉱
2. Smithsonite
3. 炭酸塩鉱物
4. ZnCO$_3$
5. 三方晶系
6. 4~4.5
7. 白色、黄色、緑色、青色、赤色、紫色、茶色など
8. 色合いが多彩。葡萄状・皮膜状のものが多い。

No.84

1. 菱苦土石
2. Magnesite
3. 炭酸塩鉱物
4. MgCO$_3$
5. 三方晶系
6. 4
7. 無色、白色、褐色など
8. 方解石のカルシウムをマグネシウムで置換した鉱物。耐火材の原料になる。

No.85

1. 菱鉄鉱
2. Siderite
3. 炭酸塩鉱物
4. FeCO$_3$
5. 三方晶系
6. 3.5~4
7. 黄褐色、黄色、黒色など
8. 方解石のカルシウムを鉄で置換した鉱物。No.84・86と固溶体を作る。

No.86

1. 菱マンガン鉱
2. Rhodochrosite
3. 炭酸塩鉱物
4. MnCO$_3$
5. 三方晶系
6. 3.5~4
7. 白色、ピンク、赤色、淡褐色など
8. 方解石のカルシウムをマンガンで置換した鉱物。ピンク～赤色を主に呈する。

No.87

1. 燐灰石
2. Apatite
3. 燐酸塩鉱物
4. Ca$_5$(PO$_4$)$_3$(F,Cl,OH)
5. 六方晶系
6. 5
7. 無色、白色、黄色、青色、紫色など
8. 燐灰石はグループ名。本書では、一律に燐灰石と記す。

No.28

① 珪孔雀石
② Chrysocolla
③ ケイ酸塩鉱物
④ (Cu,Al)$_2$H$_2$Si$_2$O$_5$(OH)$_4$·nH$_2$O
⑤ 直方晶系
⑥ 2〜4
⑦ 水色、緑色など
⑧ 孔雀石と同じ銅の鉱物だが、分類は異なる。塊状集合体を作ることが多い。

No.29

① ゴーマン石
② Gormanite
③ 燐酸塩鉱物
④ (Fe,Mg)$_3$Al$_4$(PO$_4$)$_4$(OH)$_6$·2H$_2$O
⑤ 三斜晶系
⑥ 4〜5
⑦ 灰青色、灰緑色など
⑧ 1981年に発見された。灰色がかった青緑色が独特。

No.30

① コバルト華
② Erythrite
③ ヒ酸塩鉱物
④ Co$_3$(AsO$_4$)$_2$·8H$_2$O
⑤ 単斜晶系
⑥ 1.5〜2.5
⑦ 赤紫、ピンクなど
⑧ 鉱石や宝石としての商業的価値はないが、鮮やかな美しさにファンが多い。

No.58

① ビクスビ鉱
② Bixbyite
③ 酸化鉱物
④ (Mn,Fe)$_2$O$_3$
⑤ 立方晶系
⑥ 6〜6.5
⑦ 黒色
⑧ 主に立方体と八面体の結晶を形成する。知名度の低い、やや希少な鉱物。

No.59

① 輝沸石
② Heulandite
③ ケイ酸塩鉱物
④ NaCa$_4$(Si$_{27}$Al$_9$)O$_{72}$·24H$_2$O
⑤ 単斜晶系
⑥ 3.5〜4
⑦ 無色、黄色、白色、薄ピンクなど
⑧ 強い真珠光沢を持つ。劈開面の光沢はグループ随一。

No.60

① ソーダ沸石
② Natrolite
③ ケイ酸塩鉱物
④ Na$_2$Al$_2$Si$_3$O$_{10}$·2H$_2$O
⑤ 直方晶系
⑥ 5〜5.5
⑦ 無色、白色、薄ピンク、淡黄色
⑧ 名前のわりに酸に浸しても泡は出さず、ゼラチン状になる。

——— 沸石グループ（No.63まで）———

No.88

① 燐葉石
② Phosphophyllite
③ 燐酸塩鉱物
④ Zn$_2$Fe^{2+}(PO$_4$)$_2$·4H$_2$O
⑤ 単斜晶系
⑥ 3〜3.5
⑦ 水色、薄荷色、青緑色、無色など
⑧ ペグマタイトや金属鉱床の酸化でできる希少な二次鉱物。

No.89

① ルチル
② Rutile
③ 酸化鉱物
④ TiO$_2$
⑤ 正方晶系
⑥ 6〜6.5
⑦ 暗赤色、褐色、黒色、金黄色など
⑧ チタンの重要な鉱石。柱状・針状の結晶が有名だが、粒状・錐状にもなる。

No.90

① ルードヴィヒ石
② Ludwigite
③ ホウ酸塩鉱物
④ (Mg,Fe^{2+})$_2$Fe^{3+}O$_2$(BO$_3$)
⑤ 直方晶系
⑥ 5
⑦ 黒色、濃緑色など
⑧ 繊維状の集合体などを作る。写真は苦土橄欖石に内包された針状結晶。

No.91

① ローゼ石
② Roselite
③ ヒ酸塩鉱物
④ Ca$_2$(Co,Mg)[AsO$_4$]$_2$·H$_2$O
⑤ 単斜晶系
⑥ 3.5
⑦ 赤紫色、ピンクなど
⑧ 薔薇色の結晶があでやか。コバルト鉱物から二次的に生じる。

第1章
火成・熱水作用でできた共生標本

本書では共生標本を、それぞれを生成させた作用により、大きく3つに分けてご紹介する。この章で扱う標本は「火成・熱水作用」でできたもの。マグマや熱水、ガスなどが、時に周囲の環境と反応し、やがて温度・圧力が低下していく中で、化学成分を析出させて作った鉱物の標本である。これらをさらに「火山岩中」、「ペグマタイト中」、「熱水脈」、以上3つの産状で分類した。第3章に登場する鉱物が、「変成作用」によって二次的に生じたものであるのに対し、本章の鉱物は、最初に作られた、いわば初生的なものである。退色やわずかなダメージをのぞけば、生成したままの姿を保った標本と言えるだろう。

産状：火成岩＞火山岩中
かせいがん かざんがんちゅう

マグマが固結した岩石の空洞に、美しい結晶が生まれる

地中のマグマは、周囲の岩石より比重が軽いと、浮力を得て上昇してくる。地表付近まできた、あるいは地表から噴き出したマグマは冷えて固まり、岩石になる。より詳細に言えば、マグマに溶け込んでいた諸元素が、融点の高いものから結晶し、「造岩鉱物」となって岩石を形作るのだ。マグマが冷えてできる岩石を全般に「火成岩」と呼ぶが、こうした、地表や地表付近などの浅い場所でできた火成岩をとくに「火山岩」と呼ぶ。

岩石を主に構成している造岩鉱物は大抵、地味である。他と押し合いへしあいしてできた斑晶が大半だ。しかし火山岩が多孔質で、たくさんの空洞を持っている場合がある。これはマグマが固結していく際、マグマに含まれていたガスや液体が押しやられ、集まって作ったもの。この空洞の中で、ガスや液体から析出した鉱物が、美しい自形結晶として生成・共生していることがあるのだ。

本項では、マグマの固結によってできた共生標本にどんなものがあるか見ていこう。

本項に登場する標本の産地

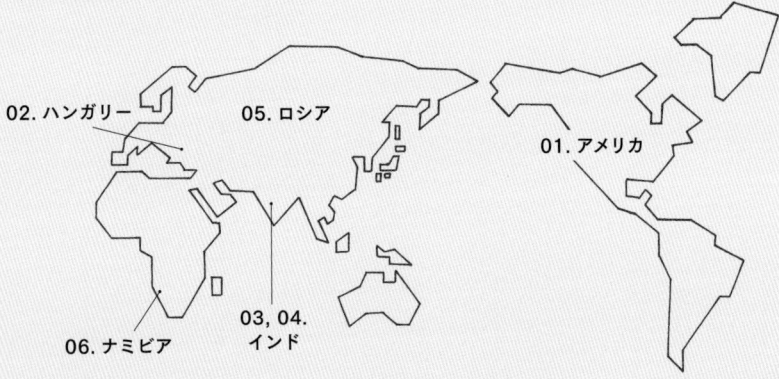

02. ハンガリー　05. ロシア　01. アメリカ
06. ナミビア　03, 04. インド

火山岩中にできる鉱物 （主なもの、有名なもの）	・トパーズ ・水晶 ・沸石類	・正長石 ・魚眼石 ・カバンシ石	・コランダム ・赤鉄鉱、など

図解「火山岩中の空洞に結晶ができるプロセス」

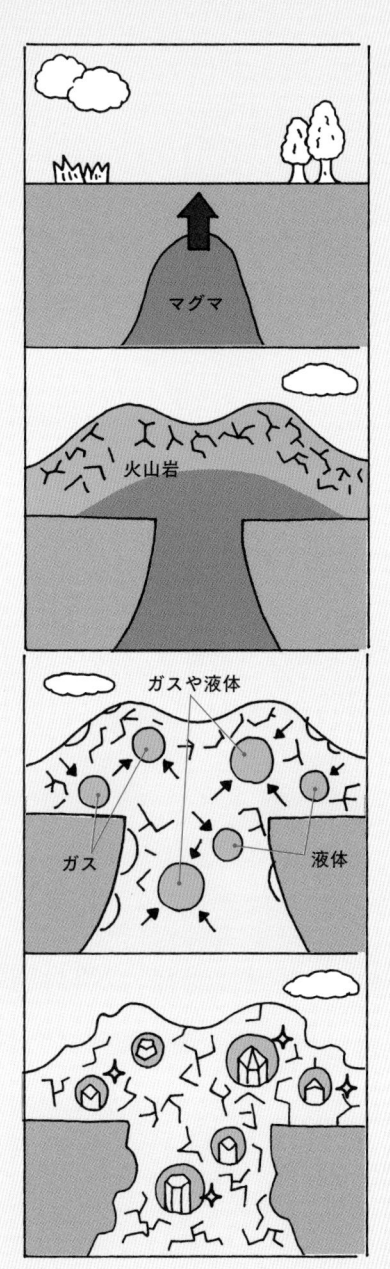

❶ さまざまな元素を溶かし込んだ地中のマグマが、地表に向かって上昇してくる。(場合によっては、周囲の岩石を溶かし、地中の元素を取り込みながら上がってくる)

❷ 地表に近づいて、あるいは地表へ噴き出て、マグマが冷えてくるにつれ、融点の高い元素から順に結晶化し、造岩鉱物ができる。そのため、マグマは徐々に固結して、岩石になっていく。
地表、もしくは地表に近い場所でできるこうした岩石を「火山岩」と呼ぶ。

❸ マグマが固結して、火山岩化していくうちに、結晶から押しやられた内部のガスや液体が、各所に集まってくる。

❹ 集まったガスや液体が作った小さな空洞には、相応の大きさの結晶が育ちやすい。ガスや液体が含んでいた元素の組み合わせによって、**水晶、赤鉄鉱、トパーズ、魚眼石、沸石類**など、さまざまな鉱物が生成・共生する。

OI　トパーズ、ビクスビ鉱

Topaz, Bixbyite

　　ユ　　　 タ州トーマス・レンジでは、フッ素に富んだアルカリ流紋岩の空隙に、シェリー酒色の
　　　　　トパーズがよく見つかる。当地では他に、珍しい鉱物としてレッドベリルとビクスビ鉱が
産出するが、この標本は後者と共生したもの。

　　ビクスビ鉱は3価のマンガンと鉄の酸化物で、マンガンと鉄、どちらが多いかにより近年、
Bixbyite-(Mn) と Bixbyite-(Fe) の2種に分けられた。通常は立方体だが、この標本では角の
部分に、過剰発達した複数の面が見られる幾何学的な形状をしている。トパーズとビクスビ
鉱の、でこぼこコンビが楽しい標本である。

 産状　火山岩（流紋岩）中
産地　Thomas Range, Juab County, Utah, USA
サイズ　20×18×8mm

No.52
トパーズ
柱状

No.58
ビクスビ鉱
多面体

上／シェリー酒色に、先の
尖った結晶形。いかにも当産
地のトパーズらしい姿である。

下／ビクスビ鉱。自形は立方
体だが、このように切子状に
なった面が過剰発達し、角が
三つの偏五角形で占められた
形状をとる場合がまれにある。

　湧き出た水に白い花びらを浮かべたような共生標本。ハンガリーの採石場の、安山岩の空隙から産出したものである。水のように見えるのは非晶質の玉滴石で、いわゆるオパールの変種だ。当地の安山岩の元となったマグマが、地表に上がって固結しはじめたとき、シリカと水を豊富に含んだガスが空洞や亀裂に閉じ込められた。マグマが冷え、そのガスが液体化していくうち、シリカが析出し、水滴のような玉滴石ができたと考えられている。

　あられ石は、玉滴石生成後の低温で微細な結晶ができ、集合したものが、その後、再成長した玉滴石の中にくるまれたらしい。

産状　火山岩（安山岩）中
産地　Kopasz Hill Andesite Quarry, Tarcal, Tokaj District,
　　　Borsod-Abaúj-Zemplén County, Hungary
サイズ　33×28×25mm

No.1-30

No. 5
あられ石
塊状

No.15
オパール
var.玉滴石
不定形

No.31-60

No.61-91

上／水があふれだした瞬間を停止させたような玉滴石。当産地のものは、多くが紫外線ライトを当てると鮮やかな緑色の蛍光を発するが、この標本も同様である。

下／母岩は安山岩。シリカ含有率が中程度の火山岩である。玉滴石のような非晶質のシリカは、日本でも球状のものが温泉沈殿物として見られる。

23

イ ンドのデカンは白亜紀の広範な火山活動により、主に玄武岩マグマに覆われた。この マグマが長い時間をかけて冷え、玄武岩として台地を形成していく間、その空隙に入り こんできた地下水と相互作用を起こして、各種鉱物が生成された。輝沸石は沸石の一種で、世界各地に産するが、青いカバンシ石との共生標本は当地域の特産品だ。

この標本は、球状集合体のカバンシ石の上に、また別の放射状集合体ができている様子や、その柱状結晶一本一本の透明感が魅力。また、輝沸石が密集した玄武岩の隙間も、産状をよく物語っている。

産状 火山岩（玄武岩）中
産地 Wagholi Quarries, Wagholi, Pune Division, Maharashtra, India
サイズ 30×37×27mm

上／カバンシ石はバナジウムを主成分とするカルシウムのケイ酸塩鉱物。名称はこれら構成元素の名、カルシウム(ca-)、バナジウム(-van-)、およびケイ素(-si)を組み合わせたものである。

下／輝沸石は板柱状の時、将棋の駒の形や、西洋の棺桶の形を作る。写真でいちばん大きな結晶は後者で、その上半分が見えている状態。

魚眼石グループは、火山岩中では沸石類とよく伴って産する。純粋なものは無色。この標本のような緑色系は、バナジウムか銅が含まれると考えられる。

　「魚眼石」という和名や、英語の愛称「フィッシュアイ・ストーン」は、劈開面が真珠に似た光沢を見せることに由来する。1940年代にロンドンで出版された科学用語の語源辞典などにも、確かにその愛称は「真珠に似た光沢に由来する」とある。ただし、真珠の光沢が魚の目を連想させるか否かは、意見の分かれるところだろう。本標本のような結晶を見ると、むしろ水に濡れたような照りが魚の目を彷彿とさせるようにも感じる。

産状　火山岩（玄武岩）中
産地　Vambori, Rahuri, Ahmednagar District, Nashik Division,
　　　Maharashtra, India
サイズ　23×22×14mm

No.1-30

No.21
魚眼石
柱状

No.31-60

No.61
束沸石
束状

No.61-91

上／魚眼石は照りと透明感が魅力。正方晶系の魚眼石には、柱の両端が錐状になった四角柱状結晶や、逆に錐面がなくなって、サイコロのような形になった結晶も存在する。

下／束沸石は真ん中で束ねたような、蝶ネクタイ状の集合体をよく作ることから、その名がついた。この標本のように、蝶ネクタイの片側だけの集合体を成すことも多い。

27

　沸石類と方解石の組み合わせは、よく玄武岩の空隙に見られる。玄武岩マグマが固結していく際、カルシウム成分などが溶けだして、両者がそこに沈殿するのだ。

　この標本は、冬には氷点下40℃を下回り、河まで凍りつくシベリアの内陸部で採取されたもの。産地であるアムディカ川の中流域は、変質玄武岩の中に沸石密集体があり、みごとな沸石の結晶が方解石を伴って産出する。

　ただ、当地は非常な僻地であるため、標本は市場にあまり出てこない。流通しているものの大半は、モスクワの鉱物博物館が1990年に派遣した遠征隊の採集品だという。

産状　火山岩（玄武岩）中
産地　Amudikha River, Nizhnyaya Tunguska River Basin,
　　　Evenkiysky District, Krasnoyarsk Krai, Russia
サイズ　32×22×18mm

上／トムソン沸石に乗った方解石。小粒
な菱面体が愛らしい。沸石類と方解石の
組み合わせは、玄武岩の空隙によく見ら
れる。

中／トムソン沸石は板状・柱状の結晶に
なりやすく、それが集合して塊を作って
いる。名称はスコットランドの化学者
T.トムソンにちなむ。

下／無色の方沸石。この標本では十二面
体だが、方沸石の結晶はガーネットに似
た二十四面体をよく示す。

No.62
トムソン沸石
薄板状

No.63
方沸石
十二面体

No.73
方解石
菱面体

スモーキーアメシスト、赤鉄鉱

Smoky Amethyst, Hematite

ナミビアのブランドバーグは、メキシコのゲレロやベラクルスと並ぶ紫水晶のブランド産地だ。広大なナミブ砂漠の山岳地帯で、数多くの先史時代の壁画で知られる地域である。紫水晶が主に採取されるのは、地域名の由来であるブランドバーグ山ではなく、地域の西側に位置するゴボボセブ山脈。火山起源の玄武岩の空洞に結晶しており、山入り水晶、松茸水晶、葡萄石付きなどのバリエーションも人気がある。

　この標本は、黒色が混じったスモーキーアメシストで、さらに赤鉄鉱の結晶を含んでいる。星雲と星屑を内部に封じ込めたような、印象的なピースである。

産状　火山岩（玄武岩）中
産地　Goboboseb Mountains, Brandberg Area, Dâures Constituency,
　　　Erongo Region, Namibia
サイズ　35×23×13mm

No.38
石英
（スモーキーアメシスト）
六角柱状

No.39
赤鉄鉱
薄片状

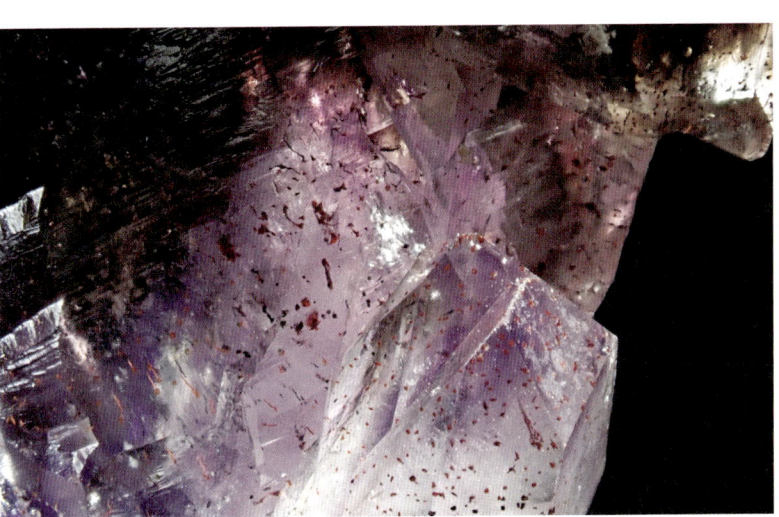

上／星雲と星屑を閉じ込めた
ような標本。美しい照りと深
い紫は、ブランドバーグ・アメ
シストの大きな特徴だ。

下／内部や表面の赤い斑点は
赤鉄鉱。紫水晶は石英に微
量の鉄と放射線が作用して
着色される。そのような環境
で鉄が多いと、紫水晶の成長

と同時に赤鉄鉱が生成され、
紫水晶に取り込まれる。この
標本では、紫水晶の成長後
も生成されつづけ、結晶表面
にまで乗っている。

31

産状：火成岩＞ペグマタイト中

きれいな鉱物の宝庫が、地中深くで作られる

マグマが固まってできる火成岩のうち、地中深くでできるものを「深成岩」と呼ぶ。

地下深くは高温高圧で、固結には10万～1000万年という時間がかかる。そのため、地表や地表付近で急速に冷えた火山岩が、細粒の造岩鉱物で構成されているのに対し、深成岩は粗粒の造岩鉱物で構成されている。

深成岩の固結の最終段階では、造岩鉱物に入らない元素や揮発性の元素が押しやられ、集まってくる。揮発性成分でできた空隙にこれらが結晶し、脈状やレンズ状に固まったものが「ペグマタイト」だ。

ペグマタイトの固結中、空隙があればさらにそこへ、最後まで行き場を失っていたガスや溶液が入り込む。この空隙において希土類元素を含むレアメタルや、結晶化しにくい元素が濃集されて結晶となる。結晶は自由な空間でゆっくり育つため、大きく美しい鉱物、珍しい鉱物が共生した「晶洞」ができる。閃長岩や変成岩のペグマタイトもあるが、世界中にあるものの90％は花崗岩ペグマタイトである。

本項に登場する標本の産地

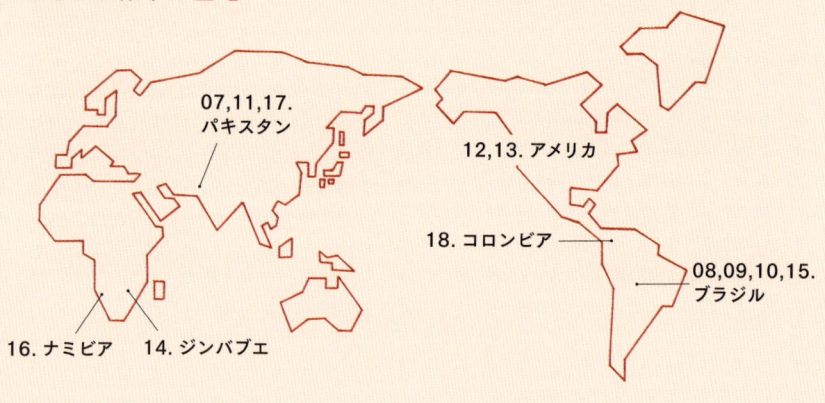

07,11,17.
パキスタン

12,13. アメリカ

18. コロンビア

08,09,10,15.
ブラジル

16. ナミビア　　14. ジンバブエ

ペグマタイトの晶洞中にできる鉱物（主なもの、有名なもの）	・水晶 ・蛍石 ・トパーズ	・リチア電気石 ・ベリル ・雲母類	・燐灰石 ・ユークレース、など

図解「ペグマタイトの晶洞はいかにしてできるか」

❶ 地球のマントルから上昇してきたマグマが、地下深くで冷えて結晶化。
外側から徐々に「深成岩」になっていく。

❷ その最終段階で、マグマに含まれていた元素のうち、造岩鉱物に入りがたい元素や揮発性の元素が、揮発性成分によってできた空隙に集まって結晶し、脈状やレンズ状に固まる。これを「ペグマタイト」という。
ペグマタイトは図のように、レンズ状のものがつながって脈を形成することもあり、また、外部に割れ目があればそこへ潜り込んでいくので、深成岩の外側へ延びることもある。

❸ ペグマタイトの生成中、内部に空隙があると、行き場を失っていた残り物のガスや液体が入り込んできて、濃集される。
これらのガスや液体には、さまざまなレアメタルや、通常の造岩鉱物に入りがたい元素が含まれている。

❹ こうした元素が、ガスや液体で満たされた軟らかい空間の中、周囲の岩石に守られるかたちで結晶化。時間をかけて、のびのびと成長していく。
結果、ベリルやリチア電気石などの美しく大きな鉱物や、ユークレースなどの珍しい鉱物が共生した「晶洞」ができあがる。

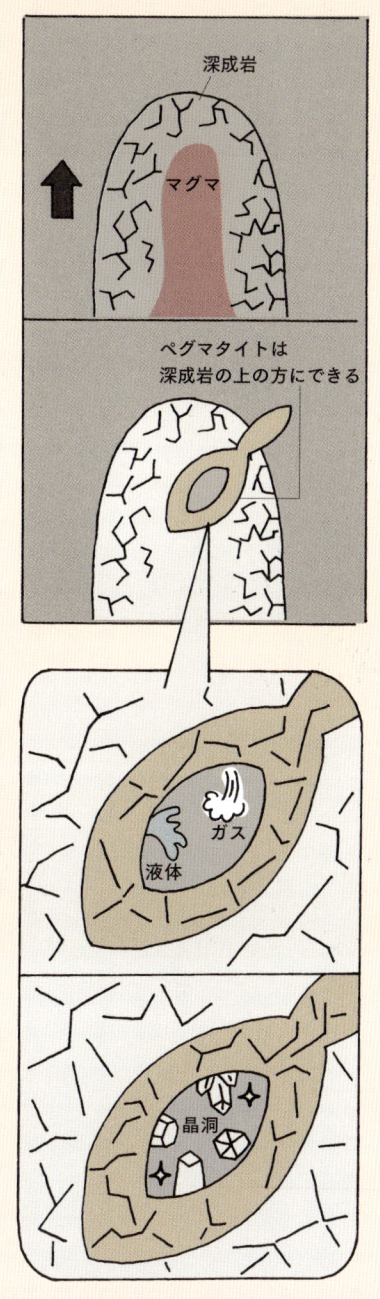

深成岩

マグマ

ペグマタイトは
深成岩の上の方にできる

ガス

液体

晶洞

アクアマリンはよく知られているとおり、水色のベリルの宝石名である。名称の由来はラテン語で「海の水」。主にペグマタイトの晶洞中に、透明度の高い結晶が多く産する。広い空間でのびのび育つことが多いため、変成岩中にできる同じベリルのエメラルドと違って、大きめの結晶が目立つ。

この標本は、アクアマリンと曹長石の組み合わせから、やはりペグマタイトでできたものとわかる。中世、宗教画の題材として盛んに採り上げられた、青い上衣のマリアが雲に包まれて昇天する場面を、連想させるような姿をしている。

産状　深成岩（花崗岩ペグマタイト）中
産地　Shigar Valley, Skardu District, Baltistan, Gilgit-Baltistan, Pakistan
サイズ　37×20×22mm

No.43
曹長石
塊状

No.70
ベリル
var.アクアマリン
六角柱状

アクアマリンの発色要因は微量の鉄。この標本では、水色から無色透明に至る微妙なグラデーションが観察できる。曹長石はペグマタイトでは小さな結晶か、それらが集合した塊状になることが多い。両者の重なり方から見て、先にできたアクアマリンを曹長石が後から包み込んでいったようだ。

35

　　この標本が採取されたジョナス鉱山は1940年代に数年だけ、見事なトルマリン（電気
石）を産出していた。1977年、ガリンペイロ（探鉱を生業とするブラジルの山師）を父
に持つ男が、州知事の出資を取りつけ、当鉱山で新たに探掘を始めた。発破と掘削を半年
続けても、出てくるのは売り物にならない石ばかり。だが、中止をうながす知事を再三説得
し、彼は掘り続けた。時折現れる小さなリチア雲母が、宝の存在を暗示していたのだ。愛車
を抵当に得た、最後の資金と食料が尽きる7日前。ついに探りあてたペグマタイトは、宝石質
のルベライト（赤系のリチア電気石）に満ち、ジョナス鉱山の名を一躍世界に知らしめた。

産状　深成岩（花崗岩ペグマタイト）中
産地　Jonas Mine (João Pinto Mine), Conselheiro Pena, Minas Gerais, Brazil
サイズ　13×13×6mm

No.1~30

No.8
白雲母
六角板状

No.31~60

No.48
リチア電気石
var. ルベライト
柱状

No.61~91

上／重なった白雲母の中心にルベライトが立ち、花のような形状になっている。白雲母の結晶の隙間に挟まれたような産状においては、多くのリチア電気石が粒状になるが、こうしたはっきりした結晶もまれに現れるようだ。

下／直径わずか2ミリながら整った自形と透明感、美しい条線を兼ね備えたルベライト。鉱物は小さいほど透明感にすぐれ、結晶も整っている傾向がある。

37

母岩となっている曹長石の前面を、ベルトラン石の白い微細結晶が包み、その上に青い燐灰石が生成した、盛りだくさんの共生標本。

　燐灰石は六角柱状になっており、曹長石のくぼみに密生している透明結晶も同じ形状。こちらも燐灰石のように見えるが、実際は白雲母である。雲母の結晶はほぼ六角柱状になり、それが劈開で細かく割れると鱗片状に見えるのだ。晶洞では、よくこのような整った雲母の結晶が見られる。燐灰石も白雲母もありふれた造岩鉱物だが、ペグマタイトでゆっくり育つと特に美しくなる、という一例である。

産状　深成岩（花崗岩ペグマタイト）中
産地　Alto da Golconda Mine, Golconda Mining District,
　　　Governador Valadares, Minas Gerais, Brazil
サイズ　20×35×25mm

No.1～30

No.8
白雲母
六角柱状

No.31～60

No.43
曹長石
板状

No.61～91

No.71
ベルトラン石
針状

No.87
燐灰石
六角柱状

上／青い燐灰石の結晶。燐灰石は鉱物グループの総称で、普通「燐灰石」と言う場合はフッ素燐灰石、水酸燐灰石、塩素燐灰石を指す。これらは固溶体を作り、混ざっていることがあって肉眼で判別するのは難しい。

下／淡黄色の結晶は白雲母、白い微細結晶はベルトラン石である。ベルトラン石は少量だが、ペグマタイトにしばしばできる鉱物。多くはベリルの二次鉱物として産出する。

IO リチア電気石、リチア雲母、水晶

Elbaite, Lepidolite, Quartz

電気石の中で宝石質な種の代表格が、リチア電気石である。イタリアのエルバ島が原産地で、英名をエルバアイトと言う。理想的な化学組成であれば無色だが、微量成分によってカラフルに色を変える。色が柱状結晶の両端で異なるもの、何段にも重なったもの、結晶内部と外側で違うものなど、その出方も多彩だ。

　この標本は内部が赤で外側が緑。「ウォーターメロン」と呼ばれているものだが、さらに全体をリチア雲母で飾り、根元には水晶をつけて、舞踏会の夜にドレスアップの魔法でもかけられたような姿をしている。

産状　深成岩（花崗岩ペグマタイト）中
産地　Aricanga Mine, São José da Safira, Minas Gerais, Brazil
サイズ　35×12×15mm

上／照りと条線の美しさは、リチア電気石の大きな魅力。リチア雲母の微細な結晶が集まって、リチア電気石を飾りたてている。

下／リチア電気石もリチア雲母も、リチウムに富んだペグマタイトの代表的鉱物だ。標本の前後に生成した水晶にも、リチア雲母が付着している。

41

端正なトパーズに蛍石がついた標本。トパーズの中央に入ったクラックを水面に見立てると、石が投げ込まれた瞬間のようにも見えてくる。飛沫に見えるのはインクルージョンの一種で、主に水分や気体である。これらの包有物は水晶でも見られ、白濁の原因になるが、本標本ではかえってよい景色を生み出している。おそらく溶液が沸騰状態のまま、早めに結晶成長したものだろう。

　産出は、パキスタンの渓谷にある花崗岩質ペグマタイトの露頭から。トパーズと蛍石はともにフッ素を含んだ鉱物。フッ素に富んだペグマタイトでは頻繁に共生する。

産状　深成岩（花崗岩ペグマタイト）中
産地　Nyet Bruk, Nyet, Braldu Valley, Shigar District, Gilgit-Baltistan, Pakistan
サイズ　24×17×12mm

No.1～30

No.8
白雲母
葉片状

No.31～60

No.52
トパーズ
柱状

No.61～91

No.74
蛍石
多面体

上／ミントグリーンの蛍石が涼やか。晶相変化により、台形の面が現れている。

左下／白雲母が標本のアクセントになっている。おそらく微量の鉄が含まれており、淡黄色をしている。

右下／トパーズはさまざまな結晶形態が知られ、写真のように柱の先端が平らな面、結晶学的には(001)面になっているものがある。

12 | 微斜長石 var. アマゾナイト、煙水晶
Microcline var. Amazonite, Smoky Quartz

「既存の岩盤にマグマが貫入して再溶融した」とする現象は、各地で起きたと考えられている。コロラド州のパイクスピーク地域でも、花崗岩質の岩盤が新しいマグマの貫入で再溶融し、希少元素の濃度が高まって、そこに星葉石、氷晶石などの珍しい鉱物が生まれたとする説がある。

　当地域はアマゾナイトと煙水晶の共生標本で知られ、特にマグマの貫入部の中心にあたるクリスタルピークのペグマタイトからは、美しい結晶を多く産出した。本標本もそのひとつであり、色は控えめながら、楚々とした佇まいを見せている。

産状　深成岩（花崗岩ペグマタイト）中
産地　Crystal Peak, Teller County, Colorado, USA
サイズ　28×15×17mm

No.38
石英
（煙水晶）
六角柱状

No.44
微斜長石
var. アマゾナイト
短柱状

上／煙水晶に包み込まれたアマゾナイトが透けて見えている。カリウムを主成分としたアマゾナイトの、白いモヤモヤとした縞模様の部分は、ナトリウムを主成分とした曹長石。低温になり、結晶化していく際に、カリウムとナトリウムを主成分とする長石がそれぞれ分離してできる。この組織をパーサイトと呼ぶ。

下／高温で放射線を含むペグマタイト中では、水晶は煙水晶になることが多い。

45

リチウムの多いペグマタイトでは、雲母、電気石、輝石、角閃石はリチウムを主成分とする種になる。雲母はリチア雲母、電気石はリチア電気石、輝石はリチア輝石（淡赤紫色の種はクンツァイト）、角閃石はリチア閃石（ホルムキュスタイト）といった具合だ。

本標本も、そうしたリチウムに富むペグマタイトでできたもの。片側のリチア電気石が折れてしまっているが、周囲を覆うリチア雲母が瓦礫に咲いた花々のようで、全体を美しく見せている。無疵な鉱物標本ばかりが美しいわけではなく、疵や欠点があるからこそ魅力的に見える標本もある。

産状　深成岩（花崗岩ペグマタイト）中
産地　Himalaya Mine, Gem Hill, Mesa Grande Mining District,
　　　San Diego County, California, USA
サイズ　18×21×10mm

No.9
リチア雲母
六角板状

左上／この標本は1898年に操業を開始したヒマラヤ鉱山の産出。当鉱山は、ペグマタイト鉱脈から採取されるピンクと緑の美しいリチア電気石で有名である。

右上／「リチア雲母」はリチウムを主成分とする雲母の総称である。化学成分を調べなければ種名はつけられない。しかし、ピンク～赤紫色の特徴的な外観から、とりあえず「リチア雲母」としておいて、まず間違いはない。

下／リチア雲母の隙間に結晶した、緑色のリチア電気石。幅3mm足らずの小ささ。

47

中性子線照射や加熱処理で青味をつけたトパーズが多く出回っている中、聖アン鉱山は、高品質の非加熱ブルートパーズの産地として名高い。十字石片岩に貫入した花崗岩ペグマタイトから、トパーズの他にもアクアマリンやユークレース、電気石などが、とくに60年代から70年代初頭にかけて採取された。

このトパーズも当鉱山の花崗岩ペグマタイトから出てきたもので、おそらくトパーズが付着していた側に水晶があり、それを成長過程で包みこんだのだろう。透明な中に水晶がくるまれた様子は氷中花を思わせる。

産状　深成岩（花崗岩ペグマタイト）中
産地　St Ann's Mine, Mwami, Karoi District, Mashonaland West, Zimbabwe
サイズ　17×13×12mm

No.38
石英
（水晶）
六角柱状

No.52
トパーズ
多面体

上／聖アン鉱山の青いトパーズ。鉱山名の由来は定かでないが、「聖アン」は聖母マリアの愛称。十字石片岩が分布していること、そして開鉱時の採掘対象が、聖母のイメージカラーと同じ青色のアクアマリンだったことは想像をかきたてる。またブラジルには、濃い水色のアクアマリンで有名なサンタマリア鉱山がある。

下／トパーズは褐色のイメージが強いが、青やピンク、緑などがある。未処理の青いトパーズで知られる聖アン鉱山は、30年近く休眠状態にあったが、近年、再稼行を始めた。

原 産地ブラジルの国名を冠したブラジル石（ブラジリアナイト）は、かの太陽の国にふさわしい鉱物に思える。目の覚めるような黄色で、明るく、よく白雲母や曹長石をにぎやかに伴って産出する。ブラジルの花崗岩ペグマタイトを代表する鉱物のひとつ、と言われれば納得するしかない。ブラジリアナイトの化学成分は比較的単純なものである。それでも産出がまれなのは、燐に富んだペグマタイトが、最適な温度・圧力・化学組成を得なければ生成されないからだ。標本のブラジリアナイトは、白いクリーヴランド石のクッションに腰かけるように生成しており、愛らしい。

産状　深成岩（花崗岩ペグマタイト）中

産地　Telírio Claim, Linópolis, Divino das Laranjeiras, Minas Gerais, Brazil

サイズ　28×23×15mm

No.43
曹長石
var.クリーヴランド石
葉片状

No.64
ブラジル石
柱状

左上／葉片状の曹長石はク
リーヴランド石と呼ばれる。
1816年、アメリカ国民として
初めて鉱物学の教科書を書
いたP.クリーヴランド教授に
由来する。

右上／ブラジリアナイトの柱
状結晶の頭部。錐面の照りが
美しい。

左下／標本背面。
右下／結晶柱面に生成した小
さな結晶。

51

　　エレミヤ石（ジェレメジェバイト）は、電気石からナトリウムや鉄、マグネシウム、リチウム、ケイ酸分、水分を除き、多くのフッ素を加えたような化学成分を持つ超稀産鉱物。稀産なのは、主成分のホウ素やアルミニウムは普通、ペグマタイトや熱水変質岩中で電気石を作るからだ。一方の苦土フォイト電気石は、いわばナトリウムが欠如した苦土電気石。両者の共通点は多量のアルミニウムとホウ素で、生成には母岩側に多くのアルミニウム、熱水側にホウ素が必要となる。だが、このような環境ではケイ酸分も多く、標本のようなジェレメジェバイトは作られにくいと思われる。

産状　深成岩（花崗岩ペグマタイト）中
産地　Ameib Farm 60, Usakos, Karibib Constituency, Erongo Region, Namibia
サイズ　34×18×15mm

No.1~30

No.11
エレミヤ石
長柱状

No.31~60

No.47
苦土フォイト電気石
針状

No.61~91

上／ジェレメジェバイト。この標本では、熱水によって融蝕され、氷の城、あるいは雪の女王を思わせるような外観をしている。

左下／苦土フォイト電気石は大きな結晶を作らず、写真のような小さな結晶の集合体が多い。山梨県山梨市京ノ沢の熱水変質帯で、世界で最初に発見された鉱物である。

滴ったばかりの血のような、鮮やかな赤が印象的な共生標本。インダス川が流れるシガール渓谷の産出である。ペグマタイトの中で成長後期にあった曹長石の上に、スペサルティンが結晶したものと思われる。

　スペサルティンはアルマンディンと固溶体を作るため、中間的な化学組成のものもある。純粋に近いスペサルティンはオレンジ色（宝石質なものをマンダリン・ガーネットと呼ぶ）をしていて、鉄が増えると赤味を帯びる。この産地のスペサルティンは深紅と呼べる色合いをしており、鉄が多そうである。

産状　深成岩（花崗岩ペグマタイト）中
産地　Shigar Valley, Skardu District, Baltistan, Gilgit-Baltistan, Pakistan
サイズ　34×26×27mm

二十四面体と十二面体の端正な集形。深い赤をのぞきこむと、奥で反射光が金粉のようにきらめく。深い赤のガーネットは「火のような」を意味するギリシャ語「pyrope」が語源のパイロープが知られているが、パイロープはペグマタイトではなく、地下深部の橄欖岩やキンバーライト中に含まれる。

18 ユークレース、黄鉄鉱
Euclase, Pyrite

　　ユークレースは主に、ペグマタイト生成の最終段階にあたる低温熱水環境下でできる。
水分を除けば、ベリルと同じ化学成分から成るが、産出はごくまれだ。本鉱の魅力の
ひとつは、その縦の条線にあるのではないだろうか。たとえ七色のユークレースは想像でき
ても、条線のないユークレースは考えにくい。特有の美しい青も条線に平行に入りやすいよう
で、両者が組み合わさったときの蒼然たるさまは他に類を見ない。
　　この標本は、縦に光がさす明るい海の底を結晶化したようなピース。奥にぼやけて見える
金色は黄鉄鉱だ。

産状　深成岩（花崗岩ペグマタイト）中
産地　La Marina Mine, Pauna, Western Boyacá Province,
　　　Boyacá Department, Colombia
サイズ　8×7×5mm

No.1~30

No.12
黄鉄鉱
塊状

No.31~60

No.61~91

No.79
ユークレース
板柱状

上／標本の背面についた黄鉄鉱。硫化鉱物の中ではもっとも多産で、世界中に産地を持つ。よく金と間違われ、人々をぬか喜びさせたことから「愚者の黄金」と呼ばれたが、実際に微量の金を含む結晶も確認されている。

下／ユークレースは劈開完全で、かつて「脆玉石」と呼ばれたほど割れやすい鉱物である。ベリルと似た化学成分を持つものの、まれにしか産出しないのはベリルより水酸化アルミニウムが多く、石英分が少ない環境を必要とする

からだ。しかし、通常のペグマタイトは石英分に飽和しているため、ユークレースは希少になるものと考えられる。

57

産状：熱水脈
ねっすいみゃく

上昇してくる熱水から、多彩な鉱物が沈殿する

地下の岩盤や岩石に入っていた亀裂の中を、深部から上がってきた熱水が通っていく。熱水の温度は150℃から374℃程度。多量の揮発性成分を含み、周囲の岩石と反応して、各種元素を取り込みつつ、地表に向かって上昇する。圧力の高い地中では、熱水が沸騰することは少ない。

地表付近まで近づくと、温度や気圧の低下、脱ガスなどによって、熱水から結晶が沈殿しはじめる。亀裂の通り道が大きく、熱水からの元素供給が安定して続けば、結晶はそれだけ大きく、美しく育つ。こうして亀裂に形成される鉱物脈を「熱水脈」と呼ぶ。

「熱水脈」はあらゆる種類の岩石の隙間に入り込んでいくので、そこから溶け込んだ成分や、温度圧力によって多様な鉱物が共生する。フッ素分が多く、蛍石が支配的な脈は「蛍石脈」と呼ばれ、金属元素が多く、採掘に値する量の金属鉱石が集まれば、その脈は「金属鉱脈」と呼ばれる。

「鉱床」という言葉もあるが、こちらは脈に限らず有用元素が大規模に集まった一帯を指す。

本項に登場する標本の産地

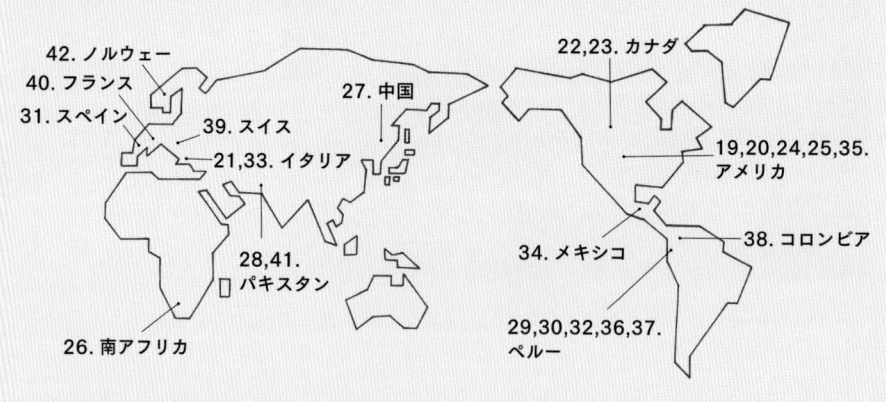

- 42. ノルウェー
- 40. フランス
- 31. スペイン
- 39. スイス
- 27. 中国
- 21,33. イタリア
- 22,23. カナダ
- 19,20,24,25,35. アメリカ
- 38. コロンビア
- 34. メキシコ
- 28,41. パキスタン
- 26. 南アフリカ
- 29,30,32,36,37. ペルー

熱水脈の中にできる鉱物 （主なもの、有名なもの）	・水晶 ・自然金 ・蛍石	・菱マンガン鉱 ・マンガン重石 ・天藍石	・薔薇輝石 ・方解石、など

図解「熱水が岩石の亀裂を鉱物脈に変えるまで」

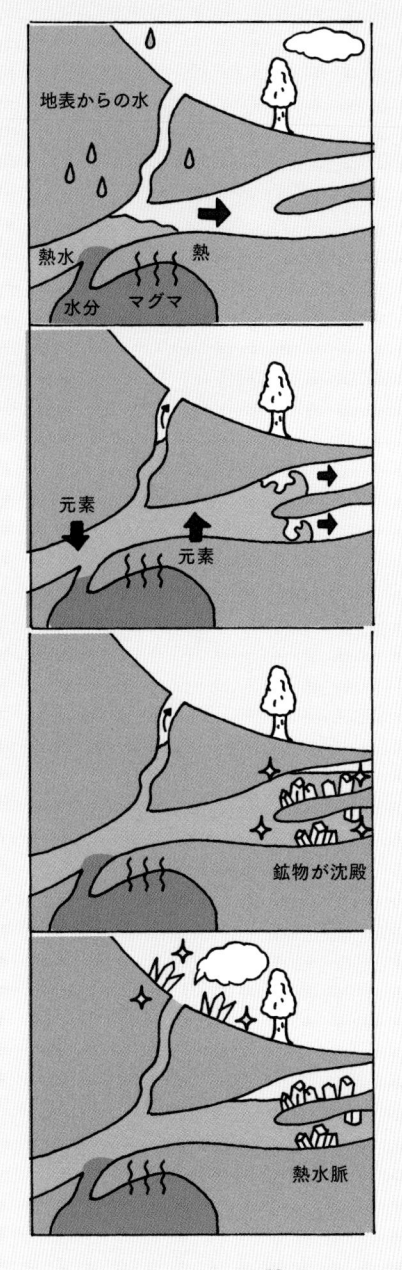

❶ 地下の岩盤や岩石の亀裂の中を、高温の水が通っていく。
この熱水には、地表から染みこんだ水がマグマで熱せられたものと、マグマから分離したものがあり、ともに多量の揮発性成分を含んでいる。

❷ 熱水は、周囲の岩石の元素を溶かし出し、取り込みつつ、浅い部分に向けて上昇していく。

❸ 地表に近づくにつれ、温度低下・圧力低下・脱ガスなどが起こり、熱水から鉱物が沈殿する。
熱水が含んだ元素や周囲の環境によって、できる鉱物は蛍石、菱マンガン鉱、黄鉄鉱、天藍石、緑簾石、赤鉄鉱など多種多様。
共生鉱物の組み合わせも、場所ごとにバリエーションに富む。

❹ これら鉱物が形成した脈を「熱水脈」と呼ぶ。また、有用鉱物が採掘するに足る量で集まっている場合は、「鉱脈」と呼ぶ。
熱水は地表に出ると、近くの鉱物を変質させ、別の鉱物を生み出したり、噴気ガスの昇華で噴気孔周辺に鉱物を生成させることがある。また、温泉が湧く場合もある。

菱マンガン鉱、蛍石、水晶
Rhodochrosite, Fluorite, Quartz

貧弱な銀鉱山だったスウィートホーム鉱山は、1991年以降、美しい菱マンガン鉱（ロードクロサイト）を産出し、標本鉱山として世界に名を馳せた。当鉱山のロードクロサイトは、各種金属を含む鉱物や蛍石からなる鉱脈に生成したもの。中でも200～325℃の高温でできた結晶は純粋で、色を濁らせるマグネシウム、カルシウム、特に鉄などの「不純物」をわずかしか含まないため、澄んだチェリーレッド色をしている。

この標本は、片側だけに水晶と蛍石が共生した姿がユニーク。体の左右で装いを変えた、一人二役のパントマイマーのようである。

産状　変成岩中の熱水脈

産地　Sweet Home Mine, Mount Bross, Alma Mining District,
　　　Park County, Colorado, USA

サイズ　21×17×15mm

No.38
石英
（水晶）
六角柱状

No.74
蛍石
八面体など

No.86
菱マンガン鉱
菱形六面体

上／ロードクロサイトは本来ありふれたマンガン鉱物で、斑晶や塊状結晶で出ることが大半である。だが、スウィートホーム産の結晶は、整った菱面体とチェリーレッド色、水晶や蛍石との共生が華やかで、高い人気を得ている。

右下／標本の片側を飾る蛍石。内部に薄紫色の中心部が見られる。

61

雪のようなソーダ沸石の上に並ぶベニト石とネプチューン石は、鉱物ファンの憧れだ。どちらもベニトアイトジェム鉱山の銘柄標本になるが、両者が揃った標本は価値が高い。
　ベニト石が生まれたのは、今から1200万年前。蛇紋岩中に取りこまれた結晶片岩が、マグネシウムとカルシウムに富む熱水流体で変成し、ケイ酸分が十分な環境でバリウムとチタンを豊富に放出するという、きわめてまれな条件のもと、生成したと考えられている。その後、別の熱水作用でソーダ沸石が鉱脈内に沈殿し、既存の鉱物を包みこんでしまったため、こうした標本は人間がソーダ沸石を酸で溶かすことで作りだしている。

産状　結晶片岩を切るソーダ沸石脈中
産地　Benitoite Gem Mine, Santa Rita Peak, New Idria Mining,
　　　Diablo Range, San Benito County, California, USA
サイズ　15×30×25mm

No.54
ネプチューン石
柱状

No.60
ソーダ沸石
塊状（加工）

No.69
ベニト石
厚板状

上／ネプチューン石と、1200
万年前に生まれたと考えられ
ているベニト石。いったいど
れだけ長い年月を、両者はと
もに過ごしてきたのだろうか。

左下／ネプチューン石は別の
和名を海王石と言う。
右下／ベニト石を真上から見
たところ。厚板状であること
がよくわかる。

21 | 透輝石、グロッシュラー var. ヘッソナイト

Diopside, Grossular var. Hessonite

透輝石とグロッシュラーの共生は、一般的なスカルンに見られるありふれたもので、見た目も地味。しかし、アラ渓谷産の共生標本は一味違い、イタリアの古典的な組み合わせとして知られている。蛇紋岩や変斑れい岩を伴う石灰質結晶片岩中の脈という複合的な環境下で、両者がともに美しく結晶し、すばらしいコンビネーションを見せるのだ。

　ピアン・デラ・ムッサはトリノ近郊の町チェレスから、アラ渓谷のせまく急な勾配を西へ20kmほど登るとたどり着く高原地帯。雄大な峰々に囲まれ、特に北側の山のふもとではきれいな透輝石と、グロッシュラーのオレンジ系の変種ヘッソナイトが見つかる。

64

産状　蛇紋岩や変斑れい岩を伴う石灰質結晶片岩中の脈
産地　Pian della Mussa, Balme, Ala Valley, Lanzo Valleys, Torino Province, Piedmont, Italy
サイズ　15×26×20mm

No.1~30

No.16
グロッシュラー
var. ヘッソナイト
斜方十二面体と
二十四面体の集形

No.31~60

No.51
透輝石
柱状

No.61~91

上／黄赤色のヘッソナイトと、若草色の透輝石のコントラストが美しい。透輝石の別名「アラライト」は、この標本の産地アラ渓谷からつけられたもの。よく見ると小さな透輝石が4～5本、生成しているのがわかる。

下／照りの強いヘッソナイトのみごとな群晶。斜方十二面体と二十四面体の組み合わさった集形結晶が目立つ。

65

22 | 天藍石、水晶、菱鉄鉱、燐灰石
Lazulite, Quartz, Sidelite, Apatite

　天藍石はマグネシウムと鉄、アルミニウムの燐酸塩鉱物である。有名な産地はカナダのレイピッド・クリーク。切り立った峡谷地帯で非常にアクセスしづらい上、がけ崩れや氾濫が頻繁に起き、グリズリーや狼も出没するため、採掘には困難と危険が伴う。だが、そこで採取された天藍石は、ルーペや近接写真で見ると、まるで自分の秘密をそっと打ち明けてくれているような深い世界が広がる。

　燐に富んだ堆積岩の熱水脈でできるため、燐灰石やゴーマン石、チルドレン石などの美しい燐酸塩鉱物の他、水晶ともよく共生している。

66

産状　燐に富む堆積岩中の熱水脈
産地　Rapid Creek, Dawson Mining District, Yukon, Canada
サイズ　40×43×20mm

No.31~60

No.38
石英
（水晶）
六角柱状

No.50
天藍石
擬斜方複錐形

No.61~91

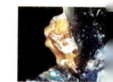

No.85
菱鉄鉱
菱形六面体

No.87
燐灰石
厚板状

上／オーロラで知られる北極圏、カナダ
のユーコン準州の天藍石。まさに北極の
夜空を思わせる色彩が観察できる。金
色の澄んだ結晶は菱鉄鉱。

中／天藍石の合間に生成した水晶。高
さは10mm程度で、しっかり結晶してい
る。

下／白色の燐灰石。淡いピンクの色帯が
にじんでいる。

23 | ゴーマン石、水晶

Gormanite, Quartz

天藍石のマグネシウムを鉄で置換した鉱物に、鉄天藍石がある。この鉄天藍石を構成するのと同じ元素を、違う割合で持っているのがゴーマン石だ。1981年に当産地での発見が報告されたまだ新しい鉱物で、その名はトロント大学のD.H.ゴーマン教授に由来する。鉄をマグネシウムに変えたスーザ石と固溶体を作り、見分けがつきにくいため、名称を併記することが望ましいとされている。

この渋い色合いは、青みがかった緑灰色とでも呼ぶべきだろうか。水晶との共生が硬質な美しさをたたえている。

産状　燐に富む堆積岩中の熱水脈
産地　Rapid Creek, Dawson Mining District, Yukon, Canada
サイズ　52×49×21mm

水晶の小さなクラスターの可憐さを、ゴーマン石が取り囲み、引き立てている。地中でできた、ささやかな鉱物のブーケである。

　仏　像が乗る蓮台にマンガン重石が立っているような標本。産地は1882年に発見され、2000年まで断続的に稼行されていたブラックパイン鉱山である。当鉱山は多金属鉱床を擁し、主に金・銀・銅を産出した一方、鉛やレアメタルのタングステンも採掘されていた。

　マンガン重石はタングステンの主要鉱石で、大抵は黒色をしている。だが、鉄分の少ないものは美しい深紅になり、鉱物好きの胸をときめかせる。

　この標本は、水晶の集合にマンガン重石が実際に乗っているわけではなく、その根元を多くの水晶が取り巻いたもの。幻妙な雰囲気のただよう標本である。

産状　熱水脈

産地　Black Pine Mine, Philipsburg Mining District, Granite County,
　　　Montana, USA

サイズ　15×11×10mm

No.38
石英
（水晶）
六角柱状

No.76
マンガン重石
板柱状

上／深い赤と発達した条線が美しいマンガン重石。英名はドイツの鉱山技師A.ヒューブナーの名に由来する。マンガンを鉄と置換した鉄重石とは固溶体を作り、鉄マンガン重石と呼ばれていたが、中間的な成分のため、鉱物種とし

ては認められていない。

下／水晶のクラスター上部は、マンガン重石を土台に生成しているのが観察できる。多金属鉱床の熱水脈で共生したものである。

71

金 はもっとも不活性な金属。変色せず、輝きを失わない性質から古来、永遠の富や権力の象徴として尊ばれ、20世紀まで通貨の価値基準として経済システムの基盤を担っていた。一方、その輝きに惑わされ、人間たちが犯した愚行は、古代エジプトの金鉱山における奴隷使役から、コンキスタドールによる金の略奪まで、枚挙にいとまがない。

　この標本は、カリフォルニアを熱狂させたゴールドラッシュの10年後、1865年に同州で発見された金鉱山からの産出。熱水脈で石英と共生したもので、小さいながら美しく、身をくねらせる炎のように、蠱惑的に輝いている。

産状　熱水脈
産地　Oriental Mine, Alleghany District, Sierra County, California, USA
サイズ　16×9×9mm

No.32
自然金
樹枝状

No.38
石英
塊状（加工）

自然金は石英と共生しやす
い鉱物のひとつ。粒状、塊状、
八面体や十二面体の自形結
晶の他、石英の表面や内部
で微細結晶の樹枝状集合体
を作る。このように金が浮き
上がった標本は主に、人が
フッ酸で石英を溶かすことで
できる。

水晶がミントブルーのアホー石を内包した、メッシーナ銅鉱山の銘柄標本。80年代初頭の大量発見以来、コレクターに人気の組み合わせだったが、近年はほぼ絶産となっている。この銅鉱山はヨーロッパ人の入植前、少なくとも15世紀頃からあったとおぼしき古い鉱山で、かつて黄銅鉱、斑銅鉱、輝銅鉱といった硫化銅を豊富に産出した。

　アホー石は、片麻岩の脈にできた熱水性銅鉱床からの、最終生成物のひとつ。水晶の成長のある段階にのみ生成し、以後も水晶が成長し続けたため、包有物としてその内部に残されたのである。生成要因となった銅も内包しているところが、この標本の見どころだ。

産状　片麻岩中の脈
産地　Messina Copper Mine, Musina, Vhembe District, Limpopo, South Africa
サイズ　28×14×15mm

No.1–30

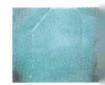
No.4
アホー石
粉末状

No.31–60

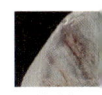
No.34
自然銅
繊維状

No.38
石英
（水晶）
六角柱状

No.39
赤鉄鉱
鱗片状

No.61–91

左上／水晶に包まれたアホー石。成分の似たパパゴ石も内包されることがあるが、青味がより強く、アホー石と区別できる。

右上／水晶内部に見られる赤茶色の繊維状結晶は自然銅。アホー石はこの銅の酸化によってできる。

左下／アホー石の内包は錐面付近に集中することが多いが、原因はよくわかっていない。
右下／赤い包有物は鱗片状の赤鉄鉱である。

中国貴州省とそれに隣り合う湖南省（かつての辰州）は、古来より辰砂の一大産地だった。辰砂といえば水銀の鉱石。当地域には両省にまたがる広範な水銀鉱床があるのだ。カンブリア紀の石灰質岩中に、水銀だけが重金属として濃縮されてできた鉱脈のため、深紅で大粒の辰砂が多数産出した。当地の真っ赤な辰砂と真っ白な苦灰石の共生標本はよく知られているが、苦灰石はこの石灰質岩に由来するものである。なお、大きくてきれいな辰砂の結晶は、苦灰石、方解石、水晶といった鉱物としか伴わず、他の硫化鉱物が一緒になることがほとんどない。一方、塊状の辰砂はしばしば、常温常圧で液体となる自然水銀を伴う。

産状　熱水性鉱脈
産地　Tongren, Guizhou Province, China
サイズ　48×40×35mm

No.1-30

No.22
苦灰石
菱面体

No.31-60

No.36
辰砂
菱面体

No.61-91

左上／菱面体の白い苦灰石。古代の石灰質岩に由来するもの。
右上／大粒で美しい辰砂の結晶。透明度が高く、苦灰石が透けて見えている。辰砂を元にした顔料の「朱」は、歳月を経ても変色せず、中国では古くから瑞祥の色として尊ばれた。
下／辰砂は硫化水銀からなる鉱物。この結晶はダメージがなく整っており、成長痕と横の条線が確認できる。

77

扁 平状結晶の、刃のような鋭い稜。見る角度によって褐色から青〜緑に変わる多色性。加熱、もしくは加圧によって電気を帯びる帯電性。フッ化水素にしか溶けない化学的強靭性。さまざまな特質を備えた斧石は、かつて日本の宮崎と大分が世界的に有名な産地だった。

　斧石は化学成分に幅があり、鉄斧石、苦土斧石、マンガン斧石、チンゼン斧石の4種類に分けられる。この標本はパキスタン産の鉄斧石。結晶に見られる緑色の部分は、角度による変色ではなく、珍しいバイカラーだ。わずかな化学成分の違いによるものだろうか。刃の中で、緑色の炎が揺らいでいるようだ。

産状　石英脈
産地　Kharan District, Balochistan, Pakistan
サイズ　50×40×35mm

No.1~30

No.14
斧石
板状

No.31~60

No.38
石英
塊状

No.61~91

上／「斧石」なる和名は、鋭い扁平状の結晶形をとることからつけられた。英名の「アキシナイト」も「アックス ax（斧）」に由来する。この斧石は鉄斧石で、時折、緑や青が入ったバイカラーになることがある。

下／白い塊状の結晶は石英。この斧石が石英脈でできたことを示している。白い背景となっているため、斧石の透明感が観察しやすい。

大抵、微細粒〜粗粒状の結晶で、不規則塊状などの集合体を成している薔薇輝石だが、ペルーのサン・マルティン鉱山では薄板状〜板状の薔薇輝石が産出する。この標本では、厚さコンマ数ミリの、オブラートのような薄板状結晶が6、7枚重なって綾をなしている。結晶が透けて、その向こうに別の結晶が見えている光景は、鉱物ファンにとって心躍るものだが、こうした幾重もの重なり合いも美しい。

　薔薇輝石に鉄が入り、マンガンの減った鉄薔薇輝石、カルシウムと鉄のほとんどないヴィティンキー薔薇輝石の2種類が、近年、薔薇輝石からの独立種となった。

産状　熱水脈
産地　San Martín Mine, Chiurucu, Huallanca District, Bolognesi Province,
　　　Ancash Department, Peru
サイズ　14×20×11mm

No.57
薔薇輝石
薄板状

No.73
方解石
菱面体

ピンクの薄板状結晶の重なり。
層が多い部分は色が濃く、
赤に近い色になっている。手
前の方解石は整った菱面体
の自形。ひなまつりの菱餅の
ようである（左ページ）。

30 ｜ 水晶、薔薇輝石
Quartz, Rhodonite

薔　薇輝石の結晶群に、小さな水晶が5〜6個乗った標本。うち3つは美しい両錐で、柱面で薔薇輝石にくっついている。シャリシャリした薔薇輝石が積み重なったさまは、シャーベットやかき氷などの氷菓を連想させる。

　薔薇輝石の結晶形態は、扁平になっていることが多いが、三斜晶系なので結晶軸のとり方が難しい。いろいろな結晶図が存在するものの、いずれもどの方向が扁平面なのか、わかりにくい。形態から導かれた結晶軸・軸率・軸角と、結晶構造解析から導かれたそれらとの整合性がない結晶図もあるようだ。

産状　熱水脈
産地　Chiurucu, Huallanca District, Bolognesi Province, Ancash Department, Peru
サイズ　19×20×11mm

No.38
石英
（水晶）
六角柱状

No.57
薔薇輝石
板状

柱面で薔薇輝石に付着している両錐水晶。このような結晶は、薔薇輝石を母岩として成長したのではなく、溶液中に浮かびながら析出したものが薔薇輝石にくっついた可能性がある。

スペインはアストゥリアス地方の北部、モスコーナ鉱山の産出標本である。アストゥリアス地方は山岳帯に石炭、鉱石を豊富に埋蔵しているため、古代から鉱業が盛んな土地だ。1979年に稼行を始めたモスコーナはまだ若い鉱山だが、ペルム紀〜三畳紀頃の蛍石層状鉱床を擁し、蛍石を主要な鉱石としている。

　モスコーナ鉱山の蛍石は大部分が黄色で、その中でも美しい結晶は標本として、かつて市場に出回った。苦灰石との共生標本は多いが、そこに加わったきれいな水色の重晶石がこの標本の見どころ。レモンイエロー、白、水色の取り合わせも爽やかである。

84

産状　熱水脈
産地　Moscona Mine, Solis, Llanera, Villabona, Asturias, Spain
サイズ　15×30×25mm

No.22
苦灰石
菱面体

No.35
重晶石
厚板状

No.74
蛍石
立方体

左上／苦灰石の菱形六面体
結晶が、蛍石の上に乗る。
右上／蛍石。レモンイエロー
の結晶内に蜂蜜色のゾーニン
グがある。

下／重晶石の四角厚板状結
晶。蛍石と苦灰石ができたあ
との熱水作用により生成され
たもの。正確に言えば、重晶
石は蛍石・苦灰石とは共生で
はなく、共存関係にある。

85

　アウゲル石は、アルミニウムの単純な含水燐酸塩で、天藍石と鉄天藍石の固溶体に伴って産することも多い。カナダのユーコン州で燐酸塩鉱物群の中に出る立派な結晶が知られているが、ペルーのこの産地も世界的に有名。その明るい緑は、アップルグリーンともマスカットグリーンとも称される。

　米国では美しい鉱物標本を「アイ・キャンディ（目にとっての飴）」と呼ぶことがある。人や車に対しても用いられる言葉だが、楽しい表現である。この標本のアウゲル石は、まさにキャンディのようにつややかで、それをとりまく水晶が魅力を一層引き立てている。

産状　熱水脈
産地　Tamboras Mine, Mundo Nuevo, Huamachuco, Sanchez Carrion,
　　　La Libertad, Peru
サイズ　15×15×10mm

No.1-30

No.1
アウゲル石
厚板状

No.31-60

No.38
石英
（水晶）
六角柱状

No.61-91

左上／水晶に囲まれたアウゲ
ル石。条線が美しい。
右上／水晶の一部はアウゲル
石に貫入している。

下／真珠光沢を放つアウゲル
石は、「輝き」や「光沢」を意
味するギリシャ語の「アウゲ」
が名前の由来になっている。

日本では熱水変質でできた
蝋石鉱床（山口県日の丸奈古
鉱山）で多産したが、きれい
で大きな結晶はなかった。

イタリアのサルデーニャ島産出の紫水晶（アメシスト）標本。双子のような並行連晶が微笑ましい。当地のアメシストはオシーロという村のそばの採石場で主に見つかり、イタリア最良のものと言われている。

　この標本では方解石を伴っている一方、沸石類が随伴している場合も多く、その場合はあまり温度が高くない熱水脈で共生したものと考えられる。アメシストは低温でできると言われており、沸石類もまた低温でないと生成されないためだ。オシーロのアメシストは通常50mmをだいぶ下回るが、菫色の発色に上品さが漂う。

産状　熱水脈
産地　Osilo, Sassari, Sardinia, Italy
サイズ　23×18×24mm

No.38
石英
（紫水晶）
六角柱状

No.39
赤鉄鉱
鱗片状

No.73
方解石
塊状

上／アメシストの発色要因は、結晶構造
中に固定された微量な鉄分。内包してい
る小さな赤い点々は鱗片状の赤鉄鉱で
ある。生成環境中の鉄分が多かったた
め生成されたものが、取り込まれたのだ
ろう。これも共生の一種である。

下／標本の側面。方解石は代表的な炭
酸塩鉱物で、結晶形は犬牙状に六角柱
状、菱面体など多彩だ。この標本では目
立たない塊状となって、アメシストの背
景に徹している。

89

　　クリード石は、熱水性塊状蛍石脈の空隙に産する、比較的珍しい鉱物。ナビダード鉱山の結晶は時折、この標本のように蛍石をくっつけており、人気が高い。栗や海胆に似た、イガイガした形状のものが有名である。そのでき方に関しては「縦に伸びた脈から砕け落ちた蛍石が、熱水溶液に溶け込み、その破片が混ざった溶液の中で、浮かんで生成したもの」とする鉱山労働者の証言が伝わっている。そのため、全方位的に結晶が育ち、また蛍石の破片が付着するのだとすれば、確かに辻褄は合う。

　蛍石が紫外線で蛍光するさまは、目を光らせるフグを思わせ、なんともユーモラスだ。

産状　熱水脈
産地　Navidad Mine, Abasolo, Rodeo, Municipio de Rodeo,
　　　Durango, Mexico
サイズ　45×35×38mm

上／やや褐色〜オレンジ色の
結晶は、鉄の混入による着色
である。紫の蛍石の破片をイ
ンクルージョンした変わり種
があり、それらはやはり紫色
に見える。

左下／先端が斜めに傾斜した
四角柱状結晶がクリード石の
特徴のひとつ。

右下／蛍石は、長波紫外線で
紫色に蛍光する。なお、当産
地の暗紫〜黒色に近い蛍石
を太陽光に2、3ヶ月さらすと、
かわいいピンク色に変身する。

イ　リノイ州の蛍石は、高い透明度、青〜紫系の美しい色調、しばしば加わる黄色との対比、ひきしまったゾーニング、方解石や閃亜鉛鉱との共生で、各蛍石鉱山がのきなみ閉山してしまった今も、高い人気を誇る。

　この標本は、1993年に閉山したデントン鉱山のもの。蛍石、重晶石、鉛、亜鉛、銀が中心の層状鉱床でできた標本で、まるで天体を内包したような姿をしている。閃亜鉛鉱の色が、結晶内の劈開に反射し、偶然できた黒い濁りが、水色〜紫色のコアの背景となって、宇宙空間に星雲が浮かんでいるように見えるのだ。一種の造化の妙と言えるだろう。

産状　熱水脈
産地　Denton Mine, Harris Creek Mining Sub-District, Hardin County, Illinois, USA
サイズ　28×35×25cm

No.41
閃亜鉛鉱
塊状

No.74
蛍石
立方体

上／1993年まで操業していたデントン鉱山の産出。内部の劈開に、閃亜鉛鉱の色が下から反射してにじんでいる。それが水色〜紫色のコアの、黒ずんだ背景になっている。

左下／蛍石の間に隠れていた、閃亜鉛鉱の小さな結晶。鼈甲色をした、鉄の少ないタイプである。閃亜鉛鉱はかなりの鉄を含むことができ、鉄が多くなると黒色になる。

右下／標本の側面。

　マ　ンガン重石の赤い板状結晶が、水晶に身をあずけたような形状の標本。ペルーの首都リマから車で17時間の場所にある、パスト・ブエノ鉱区の産出である。当地は高度4500mで、酸素が薄く寒冷。廃鉱区となっていたが近年、鉱物標本の採掘のため、再稼行していた。製作された当時のドキュメント映画には、ペルー人鉱夫たちが危険な坑内に入る前、コカの葉を焚き、精霊に祈りを捧げるシーンがでてくる。「私は鉱夫に生まれつきました。どうか我々を独りにしないでください。そして我々にあなたの裡なる富を見せてください」。

　こうした豪勢な標本は、同地の"裡なる富"のひとつと呼べるかもしれない。

産状　熱水脈
産地　Huayllapon Mine, Pasto Bueno, Pampas, Pallanca, Ancash, Peru
サイズ　29×33×14mm

No.38
石英
（水晶）
六角柱状

No.41
閃亜鉛鉱
不定形

No.74
蛍石
立方体など

No.76
マンガン重石
板状

左上／ワイラポン鉱山は、パスト・ブエノ鉱区の中でもすぐれた鉱物標本を産出した。特にマンガン重石の美しさは世界的に有名である。

右上／わずかに青みがかった蛍石が、赤い結晶を包むクッションか泡のように見える。

下／マンガン重石は鉄重石と固溶体を作る。鉄の多い方に化学成分が傾くと黒く不透明になるが、マンガンが多くなると赤くなり、透明感が出てくる。

　こちらもパスト・ブエノ鉱区の産出標本。熱水脈中で、水晶の根元に菱マンガン鉱（ロードクロサイト）が付着したもの。その色素の薄い感じが可愛らしい。ロードクロサイトは接触変成鉱床などでも生成されるが、特に美しい結晶は熱水鉱脈から出ることが多い。
　古代インカ帝国の人々はロードクロサイトを、「歴代の王と女王たちの神聖な血が石に変わったもの」と信じ、あがめていた。古代人の他愛ない空想と一笑に付すこともできるだろうが、国土の下に通った鉱脈・鉱床の赤い結晶と、王たちの血というイメージにはどこか通じあうものがある。

産状　熱水脈
産地　Pasto Bueno, Pampas, Pallasca, Áncash, Peru
サイズ　23×13×9mm

No.38
石英
（水晶）
六角柱状

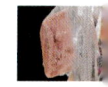

No.86
菱マンガン鉱
菱面体

ロードクロサイトは方解石と固溶体を作り、マンガンとカルシウムの比がさまざまに変化する。一般にマンガンに富むものはピンクから赤色をしていて、カルシウムが増えていくと白っぽくなると言われている。しかし、実はマンガンに富む結晶でも灰色をしたものがあって単純ではない。この標本のロードクロサイトはかなり色が薄い。どれくらいのマンガンが入っているのか、興味のあるところだ。

　エメラルドは性質の異なる火成活動が複合して作りだすまれな宝石で、広域変成作用でできた結晶片岩中の脈から産出するケースが多い。一方、コロンビア産の多くは、黒色頁岩や石灰岩中の方解石脈という、より特殊な産状で生成する。これはその方解石を、エメラルドがマントのように羽織った標本である。

　エメラルドの必須元素、ベリリウムやクロムは、頁岩や石灰岩とあまり関連がなく、どこからもたらされたかについては複数の説がある。例えば熱水作用が起きたとき、その熱水に含まれていたという説が考えられる。

産状　熱水脈　（堆積岩中の熱水脈）
産地　Peñas Blancas Mine, San Pablo de Borbur Municipality, Boyacá, Colombia
サイズ　14×7×9mm

No.70
ベリル
var. エメラルド
六角柱状

No.73
方解石
柱状

上／毛皮のマントのような方
解石が、このエメラルドの出
自を物語る。エメラルドには、
アレキサンダー大王が守護石
にした、ローマ帝国の皇帝ネ
ロが片眼鏡にした、など権力
者にまつわる伝説が数多く
残っている。
下／緑色の発色は微量のク
ロムによる。ベリルは自形結
晶性が高く、この標本でも六
角柱状のトップがエレガント
に整っている。

39 | 蛍石、水晶
Fluorite, Quartz

ピンクから赤にかけての八面体蛍石で名高い、ヨーロッパアルプスの産出。この種の蛍石はモンブランの天を衝く高山帯で、クライミング技術を駆使するクリスタリエ（水晶採り）たちによって採取される。およそ1500万年前、地表から約12キロ下の地中奥深く、熱水をはらんだアルプス型脈（P.102）が、地殻変動による山脈の隆起とともに冷え、蛍石や水晶などの結晶を育みながら、遥かな高みへ押しあげられたのだ。クリスタリエとモンブランの関りは深く、18世紀、初登頂に成功した男も水晶好きのクリスタリエだった。

この標本は紋章めいた形が魅力。壮大な地質現象が産みだした、品のある共生標本である。

産状　アルプス型脈（変成岩中の主に石英脈で、変成時に生成した分泌脈）

産地　Göscheneralp, Göschenen Valley, Göschenen, Reuss Valley,
　　　Uri, Switzerland

サイズ　33×31×23mm

No.38
石英
（水晶）
六角柱状

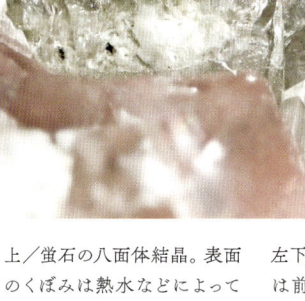

No.74
蛍石
八面体

上／蛍石の八面体結晶。表面
のくぼみは熱水などによって
溶かされてできた蝕像である。

左下／水晶の並行連晶。連晶
は前方の柱面が揃って一枚
岩のようになり、条線を共有
している。

右下／少し紫を含んだ蛍石。
背後の煙水晶の黒色は、放
射線が関与している。

200〜600℃の温度下で、変成岩がある程度の剛性と延性を保持しているときに、地殻変動が起き、変成岩を粉々にすることなく亀裂を生じさせる。深部からの熱水がたまたまこの亀裂を満たすと、熱水と溶けだした母岩の成分が晶出し、分泌脈が形成される。自由な空間の中、結晶がゆっくりのびのび育つため、空隙にはきれいな蛍石、水晶、くさび石、氷長石、鋭錐石などが見られる。限られた条件下でできたこの脈を「アルプス型脈」という。

本標本は、モンブランの高所を走るアルプス型脈から出たもの。空に近い場所に埋もれていた、美しい結晶の集合体である。

産状　アルプス型脈
産地　Chamonix, Chamonix-Mont-Blanc, Bonneville, Haute-Savoie,
　　　Auvergne-Rhône-Alpes, France
サイズ　30×20×15mm

No.38
石英
（水晶）
六角柱状

No.42
正長石
var.氷長石
塊状

No.74
蛍石
八面体

上／透明な八面体の連晶が、山の連なりを思わせて好ましい。ピンクの蛍石の産地は世界でも限られる。

下／両錐水晶。蛍石より先にできていたのか、上の蛍石の形状に影響を与えている。脇の白い結晶は氷長石。正長石の変種で、自形結晶は方解石に似た菱面体になる。

　く　さび石は花崗岩質から閃緑岩質の深成岩、変成岩などに広く含まれ、大半は少量で微細な粒状の造岩鉱物として存在している。だが、晶洞のような恵まれた環境では、広い空間と豊富な溶液のもと、大きく美しく育った結晶が見つかる。

　この標本はパキスタン産で、広大なトーミック渓谷のアルプス型脈から採取されたもの。曹長石の上に立つくさび石が、欠け落ちた剣の切っ先のようだ。機械の部品や映画フィルムの一コマ、推理小説の手がかりなど、断片的なもの特有の謎めいた魅力を、この標本も備えているように思われる。

産状　アルプス型脈
産地　Tormiq Valley, Haramosh Mountains, Skardu, Gilgit-Baltistan, Pakistan
サイズ　25×20×15mm

No.1-30

No.23
くさび石
板柱状

No.31-60

No.43
曹長石
塊状

No.61-91

左上／くさび石はくさび型の自形結晶から命名された鉱物。英名を「チタナイト」、宝石名を「スフェーン」という。黄色〜オレンジ色が多いが、緑色のものは微量のクロムやバナジウムを含んでいる可能性がある。

右上／この標本のくさび石は、横から見ると平板で、くさびというより刃先を思わせる。

下／土台となっているのは白い曹長石。くさび石ともども、内部に針状の結晶が見えるが、正体は不明。

　ノルウェーのハルダンゲルヴィッダは欧州最大の山岳高原。年間を通じて寒冷な場所だが、当地のアルプス型脈で採れた鋭錐石（アナテース）と水晶の共生標本には、土地の冷気がこごったような趣きがある。変成岩が砕けてできた角礫領域に、チタンを含む二酸化ケイ素に富んだ熱水が満ち、脈と晶洞を形成した。その中で酸化チタンの結晶・ルチルを包有する水晶が晶出した後も、同様の熱水が流れ込んできた。これが水晶の再結晶をうながすとともに、ルチルと同質異像のアナテースを共生させたのだ。

　美しさの中に、ピンと張り詰めたものを感じさせる標本である。

産状　アルプス型脈
産地　Matskorhae, Hardangervidda West, Ullensvang, Vestland, Norway
サイズ　27×14×10mm

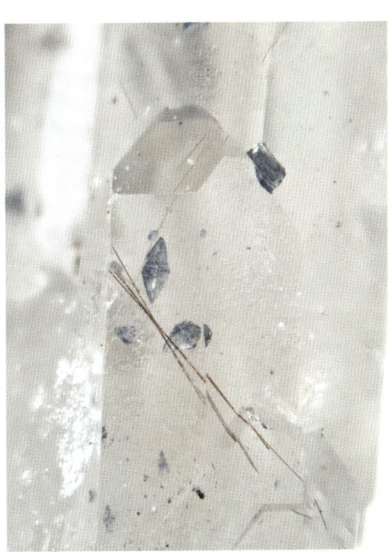

No.1-30

No.10
鋭錐石
両錐形

No.31-60

No.38
石英
（水晶）
六角柱状

No.61-91

No.89
ルチル
針状

上／鋭い両錐形のアナテース。透明感と濃紺色が同居した結晶が尊ばれる。この共生標本の産地は立ち入りが禁止されて久しく、良質なものはなかなか市場に出ない。

右下／ルチルとアナテースは「同質異像」。この関係にある鉱物は、生成条件（温度・圧力・化学環境）によってどの種類が出るかほぼ決まるが、酸化チタン鉱物の場合、

このように上の二者、あるいは板チタン石を含めた三者と共存していることも多く、生成条件に明確な区別はないように思える。

共生・共存とは異なる水晶の組み合わせ

　ブラジル東部に広がる約15万㎢の広大なペグマタイト地域は、うち90％がミナス・ジェライス州に属する。そのため、ブラジル産の美しい鉱物標本にはミナス・ジェライス州のものが多い。

　下の写真は、3色の結晶がひとつになった同州産の標本。共生標本と勘違いしそうになるが、水晶、煙水晶、紅水晶という石英のバリエーションが集まったもので、こうした同種の集合は共生や共存には該当しない。水晶と異なる時期に、微量成分、放射線、微細な色付きインクルージョンなどから異なる影響を受けた2色の水晶が、それぞれ生成したのである。

　異なる形態・色調の鉱物が組み合わさった状態は、つい共生・共存と呼びたくなる。しかし共生・共存はあくまで、異なる種類の鉱物間における関係を表す言葉なのだ。

柱面の短い結晶は高温で生成されたもの。

水晶、煙水晶、紅水晶／ブラジル、ミナス・ジェライス

紅水晶の発色はチタンを含むデュモルティエライト石が入っていることに因る、という説が有力。

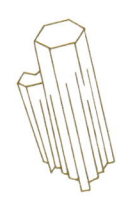

第2章
堆積作用でできた共生標本

「堆積作用」とは、風や水で火山灰や砕屑物、生物の遺骸が運ばれ、一定の場所に積もって圧密固化し、堆積岩になるまでの一連の作用を言う。風化と浸食で砕けた岩石から、磁鉄鉱や錫石などの鉱石、あるいはダイヤモンドやコランダム、砂金などが出てきて運ばれ、砂礫の中に集まった漂砂鉱床も、この堆積作用でできたものである。

だが本章では、堆積物が固化して堆積岩となっていく間にできる、いわゆる「自生鉱物」の共生標本にスポットを当てる。石英、苦灰石、方解石など、自生鉱物の種類は限られるが、トパーズや天青石など人気の鉱物が一風変わった形で見つかり、興味深い。

堆積作用でできた共生標本
産状：堆積岩中
たいせきがんちゅう

灰や遺骸の集積の中で、新しい結晶が育つ

浸食され、風化した岩石の砕屑物や、火山灰、泥や砂、動植物やプランクトンの遺骸が、風、河川、氷河などで運ばれ、湖や海の底に堆積する。長い時間が経つ間に、水圧や堆積物自体の上部の重みを受けて、堆積物の圧密固化が進む。同時に、内部に含まれる「間隙水」のセメント作用が働き、堆積物は「堆積岩」になっていく。火山岩や深成岩といった火成岩が、主に鉱物粒から成る不規則な組織を持つのに対し、堆積岩は層状構造を持つ場合が多い。

数千万年から数億年かかるこのプロセスのさなか、堆積物の中には別途、鉱物が生成される。メキシコのテペタテでは、比較的軟らかな堆積岩「凝灰岩」の内部にトパーズが見つかる。また、マダガスカルの有名な天青石は、主に堆積岩中のノジュール（球状の団塊）の中にできる。

堆積物がプレートに運ばれて岩盤の下に入り、圧力や熱で固化して堆積岩になるケースもあるが、この場合、さらに深く沈み込んでいくと堆積岩は広域変成岩に変わる。

本章に登場する標本の産地

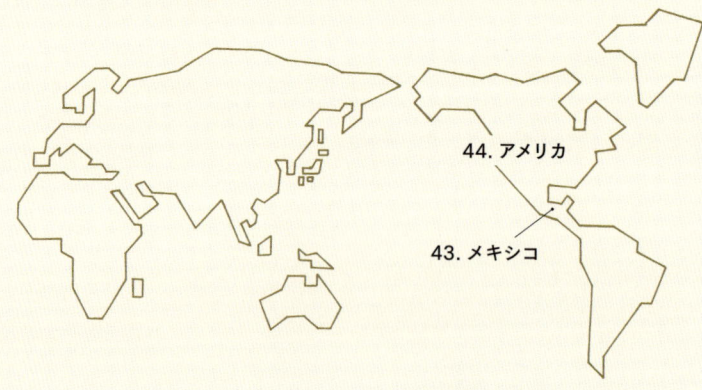

44. アメリカ

43. メキシコ

堆積岩の中にできる鉱物 （主なもの、有名なもの）	・天青石 ・黄鉄鉱 ・トパーズ	・沸石類 ・雲母類 ・方解石	・蛍石 ・針鉄鉱、など

❶ 火山灰や砂や泥、動物・植物の遺骸などが、海底や湖底に集まり、堆積する。

❷ 堆積物は、数千万年から数億年の時間をかけて固結していく。

これは水圧と堆積物自体の上部の重さ、そして堆積物に含まれる「間隙水」の働きに因る。

間隙水の中のセメント作用を持った物質、例えば炭酸カルシウムなどが、粒子と粒子の間を埋めて接着するのだ。

❸ こうして固結した堆積物を「堆積岩」と呼ぶ。

また、その内部では、間隙水からの沈殿や、熱による作用、炭酸塩鉱物の交代などによっても鉱物が生成されている。例えば、生物の遺骸が分解されてできた炭酸イオンが、鉄と反応すれば菱鉄鉱が生まれる。

堆積物の固結過程で生じた鉱物は「自生鉱物」と呼ばれる。

❹ 堆積岩には、砂が固結した「砂岩」、火山灰が固結した「凝灰岩」、生物の死骸や貝殻が元になった「石灰岩」、苦灰石が主成分の「苦灰岩」などがある。

堆積面に沿って割れやすい堆積岩を「頁岩」と言う。

また、海や湖の水分が蒸発すると、液体に溶け込んでいられなくなった化学成分が濃集・沈殿して、蒸発岩や岩塩といった堆積岩の仲間を析出する。

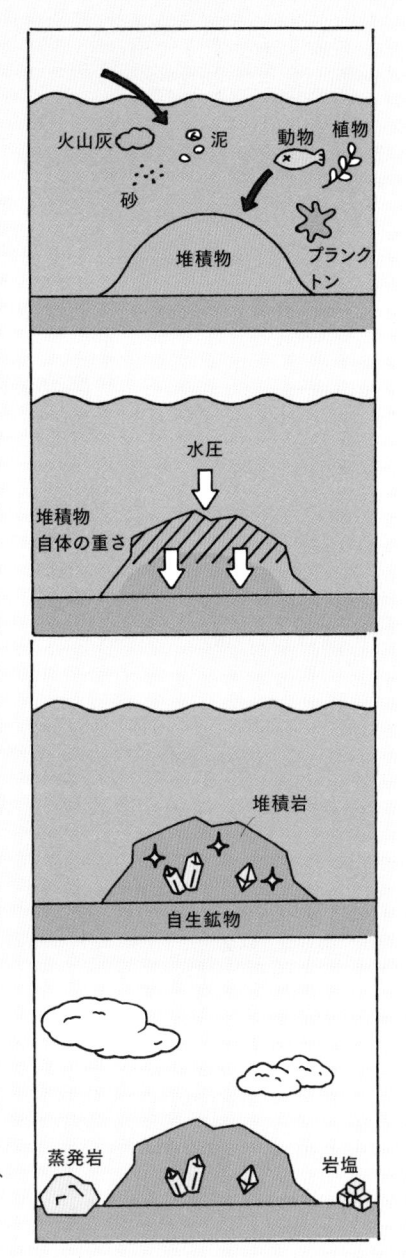

玉滴石の上にトパーズが育った珍しい標本。産地名の「テペタテ」は村の名だが、これは火山地帯に見られる、硬く、水捌けが悪く、肥沃度の低い地層を意味するメキシコの地質用語でもある。この標本は、同地の凝灰岩の中から採掘されたもの。凝灰岩は火山灰などが固まってできた堆積岩で、他の岩石より比較的軟らかい。火山岩の空隙やペグマタイトに特徴的なトパーズだが、熱水脈やこのような堆積岩からも産出する。

　目をひくのは、トパーズにも玉滴石にも含有されている針状のルチル。特にトパーズには、ごく微細なルチルがマリモのように集まっていて面白い。

産状　堆積岩（凝灰岩）中
産地　Tepetate, Villa de Arriaga Municipality, San Luis Potosí, Mexico
サイズ　25×16×11mm

No.1–30

No.15
オパール
var.玉滴石
魚卵状

No.31–60

No.52
トパーズ
斜方柱状

No.61–91

No.89
ルチル
針状

メキシコのテペタテは茶色い
トパーズを産出する。結晶の
中にあるマリモに似たものは
微細なルチルの集まりのよう
だ。玉滴石はハンガリー産の
もの（P.22）同様、紫外線で
鮮やかな緑色に蛍光する。

苦 灰岩中にできた、天青石と蛍石の共生標本である。苦灰岩の主成分は、海洋性生物の遺骸を元とするカルシウム。カルシウムと同族の元素で、挙動が似ているストロンチウムが、例えば貝殻のあられ石構造に取り込まれる。あられ石は石灰質堆積物の続生作用（石化作用）により、次第に方解石になる。このとき、方解石の構造に取り込まれないストロンチウムが分離され、硫黄成分と結びつくと、天青石ができる。一方の蛍石は、石灰質堆積岩のカルシウムから晶出したもので、天青石を半ば包むように成長した。長い時間と、複雑な過程を経て生まれた共生標本である。

産状　堆積岩（苦灰岩）中
産地　White Rock Quarry, Clay Center, Ottawa County, Ohio, USA
サイズ　35×30×15mm

No.31~60

No.49
天青石
板柱状

No.61-91

No.74
蛍石
立方体

左上／黄色い蛍石は各地で産出するが、クレイセンターの蛍石の輝きは黄色というより真鍮色や金色に近い。
右上／蛍石に突き刺さったように見える天青石の結晶。

左下／蛍石は紫外線照射により、ゾーニングとコアの部分だけが青白く蛍光する。天青石内部にも輝く内包物が見える。

右下／天青石は水色の柱状結晶が知られているが、クレイセンターのものは白い板状集合体を成す。針状、薄片状のインクルージョンが見えるものの、正体は不明。

互いに共生しない鉱物たち

「トパーズと水晶」、「リチア電気石とリチア雲母」のように、共生しやすい鉱物がある一方、互いに共生しない鉱物が少なからず存在する。例えば、ルビーと水晶である。ルビー（コランダム）の成分と水晶（石英）の成分が、一定の温度と圧力下で接すると化学反応が起き、Al_2SiO_5鉱物（紅柱石、藍晶石、珪線石）ができる。これは、エネルギーが安定する方向に進む化学反応の原則に従ったもので、下記の例では右向きの矢印の方向にあたる。この原則に則って右辺の鉱物が生成されるため、左辺の鉱物の組み合わせは共生し得ないのだ。なおこの時、コランダムと石英の成分がちょうど同量であれば、すべて紅柱石に変わる。コランダム分が多ければ「コランダムと紅柱石」が共生し、石英分が多ければ「石英と紅柱石」が共生する。いずれにせよ、コランダムと石英が共生することはあり得ない。

　ただし、温度が低かったり、接触が短時間で反応が不充分だった場合は別。コランダムと石英の共生が、場合によっては紅柱石も交えた形で生じることがある。とはいえ、この場合は「準安定」な組み合わせと呼ばれ、充分な反応の上で「安定」に生じた共生とは区別される。

| ルビー | 水晶 | 紅柱石 |

共生しない鉱物の組み合わせ例（いずれも右側が安定）

- コランダム＋石英　→　紅柱石など
- 2スピネル＋5石英　→　菫青石
- 緑マンガン鉱＋石英→　薔薇輝石
- テフロ石＋2石英　→　2薔薇輝石
- かすみ石＋2石英　→　アルカリ長石

- 白榴石＋石英　　→　カリ長石
- 苦土橄欖石＋石英　→　頑火輝石
- 灰チタン石＋石英　→　くさび石
- ルチル＋珪灰石　→　くさび石
- 錫石＋珪灰石　　→　マラヤ石

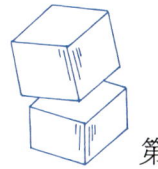

第3章

変成作用でできた共生標本

本章で扱うのは、もともと別の鉱物種だったものが外部の影響により、変成してできた鉱物の標本である。強い圧力と熱を受けた「広域変成岩」の中、マグマと接触してできた「接触変成岩」の中、酸化作用が働いた「酸化帯」の中、以上3つの産状で大別した。

地殻下部から地球表層をめぐる物質循環に伴って移動し、異なる変成作用を複数回受けた鉱物は少なくない。最後に受けた変成のエネルギーが大きい場合は、以前の状態が消され、その鉱物の来歴は辿れなくなる。本章の標本は、それが最終的に受けた変成作用で分類されている旨、ご留意いただきたい。

産状：変成岩＞広域変成岩中

強烈な圧力と熱により、既存の鉱物が再結晶する

海底の岩石（火成岩、堆積岩、変成岩）や堆積物が、プレートの移動とともに少しずつ運ばれていき、プレートと一緒に地下へ潜り込む。地下深部の圧力は4,000気圧から10,000気圧以上。温度もマグマの放熱により、300℃から1,000℃と高い。こうした強烈な圧力と熱によって、岩石と堆積物が広い範囲で変成し、「広域変成岩」になる。これを広域変成作用という。

広域変成岩の内部では、元の岩石を構成していた結晶、堆積物に含まれていた結晶が再結晶したり、新たな結晶も作られる。高圧力下ではあるが、大粒できれいな結晶ができていることも少なくない。これは変成岩が、溶けかかった飴のような粘度を保っているうちに生成されるものと考えられる。

本項では、この広域変成岩から採取された共生標本に、どんなものがあるか見ていこう。

なお、熱水による変質作用と広域変成作用が複合して「蛇紋岩」を形成する蛇紋岩化作用は、本書では大きく広域変成作用に分類して扱う。

本項に登場する標本の産地

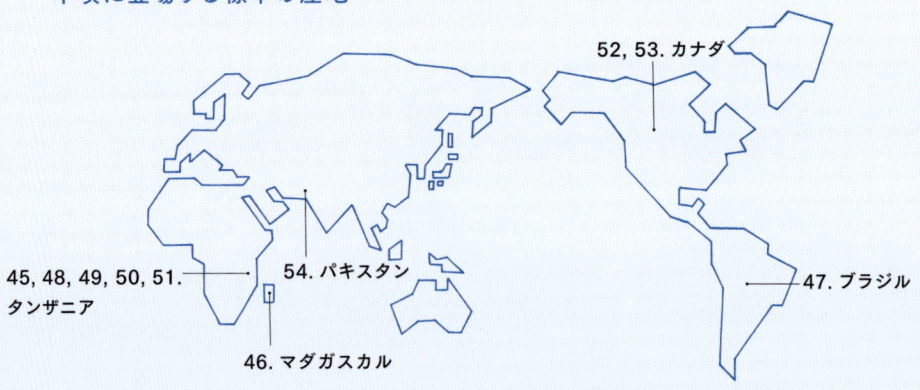

52, 53. カナダ

54. パキスタン

45, 48, 49, 50, 51.
タンザニア

46. マダガスカル

47. ブラジル

広域変成岩の中にできる鉱物 （主なもの、有名なもの）	・コランダム ・透輝石 ・アルマンディン	・灰簾石 ・苦土橄欖石 ・石墨	・藍晶石 ・十字石、など

図解「鉱物を生まれ変わらせる大規模な変成作用」

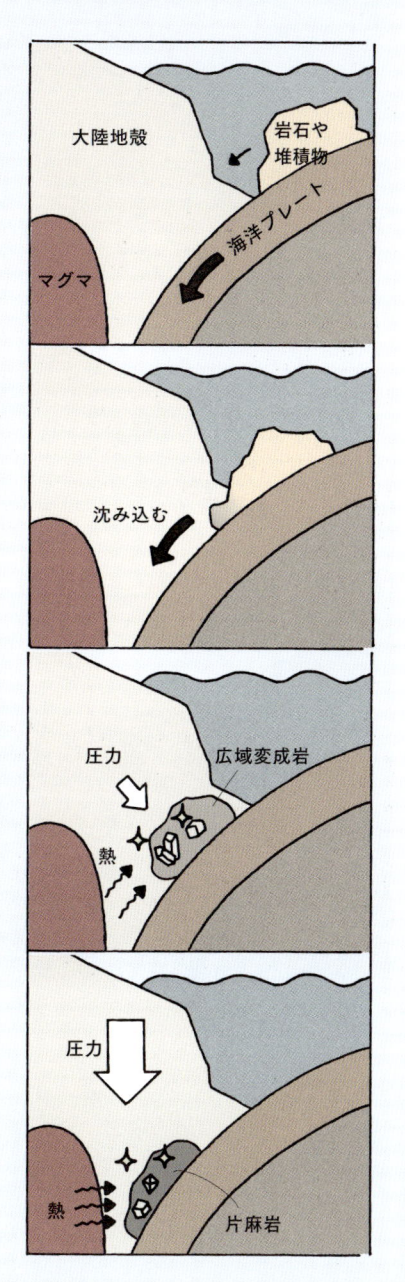

❶ 海洋プレートがベルトコンベアーのように、上に乗せた各種の岩石(火成岩、堆積岩、変成岩)や堆積物を運んでいく。
海洋プレートの移動速度は、例えば太平洋では年に8センチ、日本海溝では5〜10センチぐらいの、とてもゆっくりしたものである。

❷ このプレートが大陸地殻の下へ沈み込むとともに、岩石や堆積物も地下深部へと潜り込んでいく。地下深部の圧力は4,000気圧から10,000気圧以上。温度もマグマの放熱により、300℃から1,000℃と非常に高い。

❸ こうした圧力と熱を受けて、岩石や堆積物は変成し、「広域変成岩」になる。これを広域変成作用という。「広域」とつくのは、この作用が長さ数十から数百キロ、幅数十キロに及ぶ広範なものだからである。広域変成岩の内部では、元の岩石を構成していた結晶、堆積物の内部にあった結晶が再結晶したり、透輝石や灰簾石、苦土電気石、など新しい鉱物が生まれている。

❹ 広域変成岩のうち、片理という割れやすい構造を持ったものは「(結晶)片岩」と呼ばれる。
片岩がさらに沈み込んで、より高い圧力と熱をうけ、変成作用が進むと、縞状の構造が顕著な「片麻岩」になる。 片麻岩の中でも、新たな鉱物が結晶しており、コランダムやアルマンディン、藍晶石、十字石などが見つかる。

苦 土電気石（ドラバイト）は電気石グループの一種で、マグネシウムに富んだ鉱物だ。マ グネシウム質の岩石を母岩にして生成することが多い。普通は鉄も含むため、くすん だ褐色系の色をしているが、鉄が少なく、かつ多少のクロムを取り込んでいると、まれに鮮 やかな緑色の結晶が生まれる。この標本は、海底玄武岩由来の砕屑物や砂泥などを含んだ 石灰岩が、広域変成作用を受けて作られたもの。方解石が、ドラバイトをくるみ込むように 大きく再結晶している。ドラバイトの緑の発色が一部、方解石ごしに透けて見え、角度に よっては白い蛇が目を光らせているように見えるのが面白い。

産状　広域変成岩中
産地　Landani, Ibighi, Rungwe, Mbeya Region, Tanzania
サイズ　10×20×17mm

No.38
石英
（水晶）
六角柱（半自形）

No.46
苦土電気石
短柱状

No.73
方解石
塊状

上／電気石は自形結晶性が高く、この結晶でもトップがしっかり形成されている。緑色をした宝石質のドラバイトは、宝石名では「クロム・トルマリン」「クロム・ドラバイト」と呼ばれ、希少価値が高い。眺めていると、なにやら見返されているような気がしてくる結晶である。

下／白い方解石を蛇に見立てるとするなら、水晶の部分は尾端にあたるかもしれない。こうした「見立て」も、鉱物標本の楽しみ方のひとつだ。

　コランダムは酸化アルミニウムの結晶。アルミニウムに富んだ片麻岩（ラテライト質岩石が原岩）の中に生成されていることがある。コランダムの結晶構造中に、アルミニウムの一部を置換してクロムが入ると、赤色のルビー種となる。

　マダガスカルのザザフォツィ採石場では、主に紫か赤紫のルビーが出るが、この標本のルビーは両方の色が混ざったバイカラー。ダメージはあるものの、トップの平たい六角柱状はいかにも堅固そうに見え、平らにのされたような金雲母ともども、広域変成作用の強い圧力下で結晶したことをうかがわせる。

産状　広域変成岩中
産地　Amboarohy, Zazafotsy, Ihosy District, Horombe Region,
　　　Fianarantsoa, Madagascar
サイズ　35×38×23mm

No.1~30

No.7
金雲母
薄板状

No.31~60

No.31
コランダム
var.ルビー
六角柱状

No.61~91

上／紫と赤紫の、バイカラー　下／金雲母のメタリックな板
のルビー。母岩に生成したま　状結晶。金雲母は片麻岩中
まの姿は、カットされた宝石　に大きな結晶で出ることがあ
とは異なる野趣を感じさせる。　る。他の雲母同様、劈開完全
いうなれば「野生のルビー」だ。　で、薄い膜のように1枚1枚
　　　　　　　　　　　　　　はがすことができる。

47 | 灰電気石、水晶、菱苦土石

Uvite, Quartz, Magnesite

灰電気石（ウバイト）は変成岩に特徴的な、主にカルシウム分の多い電気石。暗い色のものが多く、電気石の中では人気がなく、宝石に用いられることも少ない。当産地のものはフッ素を含有しており、種としては「フッ素灰電気石」とされている。

　ウバイトには褐色系の結晶が多いが、中にはこの標本のようにこっくりした深緑のものもあり、光にかざすと吸い込まれるような光景を見せてくれる。微量成分のクロムかバナジウムでも入っているのだろうか。同じ深緑でも、翠銅鉱の冴えた緑とはおよそ趣きが異なる。ウバイトに乗った水晶が、どことなく満足げに見える。

産状　変成岩（菱苦土岩）中
産地　Pomba Pit, Serra das Éguas, Brumado, Bahia, Brazil
サイズ　26×20×9mm

No.38
石英
（水晶）
六角柱状

No.45
灰電気石
柱状

No.84
菱苦土石
菱面体(半自形)

上／ウバイト。陰影に富んだ深緑が魅力。ウバ紅茶で知られる、スリランカのウバ州で発見された鉱物である。

左下／白い菱苦土石が水晶にもついている。

右下／菱苦土石は火成、変成、堆積作用のいずれでもできる。菱面体を作るが、この標本では半自形になっている。

48 | 灰簾石、方解石
Zoisite, Calcite

灰簾石は広域変成岩によく出る鉱物である。色は白や灰色、淡褐色が主。岩石の石基に細粒状で埋もれていたり、不明瞭な針状・柱状で他の鉱物に混ざって、広く産出する。

　一方、タンザニアのメレラニ丘陵では、そうした地味なイメージと異なる優美な灰簾石が見つかる。この標本の結晶は、蜂蜜色から赤銅色をはさんで紺に至る黄昏めいた色を浮かべており、雲に似た方解石を背負って、夕暮れ空を一粒のかけらにしたようである。灰簾石は、石灰質岩を含む石墨片麻岩中にできるため、このように、石灰岩の主成分である方解石を伴った標本がしばしば見られる。

126

産状　広域変成岩中
産地　Merelani Hills, Lelatema Mountains, Simanjiro, Manyara Region, Tanzania
サイズ　15×15×13mm

上／鉄がほぼ含まれない灰簾石は無色〜灰色だが、鉄が少し含まれると褐色味が出てくる。灰簾石は別名を「黝簾（ゆうれん）石」と言う。「黝」の字は"青黒い"を意味する。

左下／頭部が青紫に色づいている。発色要因はバナジウムであろう。

右下／雲のようにモコモコとした、塊状の方解石を背負う。

127

単　斜灰簾石が熱水変質岩や変成度の低い岩石によく産する一方、同じ化学組成の灰簾
石は、変成度の高い変成岩に特徴的な鉱物である。やや高圧な広域変成岩に出現す
ることが多い。メレラニ丘陵のこの灰簾石は、正面から見ると青と水色の部分が、横からだ
とそれぞれ紫とピンクに見える。見る角度によって色が変わるこうした性質を「多色性」と呼ぶ。
　メレラニ丘陵の各鉱山の中は、人間にとって過酷な場所だ。蒸し暑く、酸素が薄く、石墨
の粉塵が舞う。空調・換気設備がない場合、採掘はかなり厳しい作業になる。だが、この
標本の方はそんなことはついぞ知らぬように、涼しげな雰囲気をまとっている。

産状　広域変成岩中
産地　Merelani Hills, Lelatema Mountains, Simanjiro, Manyara Region, Tanzania
サイズ　17×9×10mm

No.1-30

No.18
灰簾石
柱状

No.31-60

No.40
石墨
鱗片状結晶
の集合塊

No.51
透輝石
柱状(半自形)

No.61-91

左上／灰簾石には多色性を
備えた結晶が少なくない。
右上／標本の下側に、薄い緑
色をした透輝石がついている。

左下／灰簾石の英名「ゾイサ
イト」は18世紀の自然科学者
ジグムント・ゾイスにちなむ。

右下／石墨は有機質の成分
に富んだ堆積岩に多く、それ
を原岩とする片麻岩中ではこ
のように、結晶形態がよく見
える大きな粒に成長する。

　ツァボライトは新原生代（10億〜5億4000万年前）の広範な変成現象でできた、緑色の古いガーネットである。初めて発見されたのはタンザニアのマニヤラ地域。しかし、政府から採掘権が得られなかったため、発見者のスコットランド人が地質を調査し、隣国ケニアのツァボ国立公園で再度見つけて、採掘許可を得た。「ツァボライト」は、これを売り出す際、宝飾会社が国立公園にあやかってつけた宝石名である。

　本標本は40mm足らずの幅の中に、ツァボライトと透輝石が押し合いへし合いしており、置いて飾ってもよし、ルーペでのぞいてもさまざまな形、色合い、透明感を楽しめる。

産状　広域変成岩中
産地　Merelani Hills, Lelatema Mountains, Simanjiro, Manyara Region, Tanzania
サイズ　28×37×15mm

No.1~30

No.12
黄鉄鉱
塊状

No.16
グロッシュラー
var.ツァボライト
十二面体など

No.31~60

No.51
透輝石
柱状

No.61~91

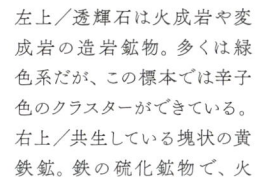

左上／透輝石は火成岩や変成岩の造岩鉱物。多くは緑色系だが、この標本では辛子色のクラスターができている。
右上／共生している塊状の黄鉄鉱。鉄の硫化鉱物で、火成岩や変成岩の中に副成分鉱物（微小な粒でわずかに含まれている造岩鉱物）としてよく見られる。

下／ツァボライトの緑の発色は主にバナジウムに因る。この標本の各所の割れ目のようなものはなにか別の鉱物、おそらくは方解石が溶けて抜け落ちた痕と思われる。

若草色の透輝石と、タンザナイトのコンビが魅力的な共生標本。「タンザナイト」の名称は、青い灰簾石につけられた商品名が宝石名になったものである。

メレラニ丘陵のタンザナイトは、新原生代の古いガーネット「ツァボライト」（P.130）が元になってできている。ツァボライトがマグマの熱水で分解され、他の元素と結びついて灰簾石に変わった際、ツァボライトに含まれていたバナジウムとクロムの働きで、世にも珍しい青紫の灰簾石が生まれたのだ。石好きにとっては、壮大な地質現象の中で起きた幸運な偶然と言えるだろう。透輝石の若草色の発色には、鉄が関わっている可能性がある。

産状　広域変成岩中
産地　Merelani Hills, Lelatema Mountains, Simanjiro, Manyara Region, Tanzania
サイズ　16×15×10mm

No.1~30

No.18
灰簾石
var.タンザナイト
短柱状

No.31~60

No.40
石墨
塊状

No.51
透輝石
柱状

No.61~91

左上／透輝石の緑は主に鉄の含有に因る。

右上／透輝石と灰簾石の組み合わせ自体は、変成を受けた石灰質岩中によく見られるものだが、メレラニ丘陵では双方、宝石質の結晶が伴って出現することがある。

左下／石墨。金属光沢が標本にひと華添えている。

右下／透輝石は鉄だけでなく、クロムの含有によっても緑色になるが、その場合、この標本よりもっと濃い緑を示すことが一般的である。

133

超　苦鉄質岩を蛇紋岩化させた水には、岩から溶けだしたカルシウム分が豊富に含まれている。これがケイ酸分に富んだ周囲の岩石と反応すると、グロッシュラーやアンドラダイト、ベスブ石、透輝石といったカルシウムに富んだ鉱物が生成される。この反応によって、美しい鉱物標本を生みだしてきた有名産地のひとつが、カナダのジェフリー鉱山だ。

　この標本は、透輝石の上に盛られたグロッシュラーの、粒がそろった様子が魅力。一粒ひとつぶが柔らかなオレンジ色と透明感で、目を楽しませてくれる。透輝石とともに色が薄いのは、含んでいる鉄が少ないためだ。

産状　広域変成岩（蛇紋岩化された超苦鉄質深成岩）中
産地　Jeffrey Mine, Val-des-Sources, Les Sources RCM, Estrie,
　　　Québec, Canada
サイズ　28×18×6mm

No.1～30

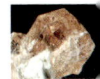

No.16
グロッシュラー
十二面体など

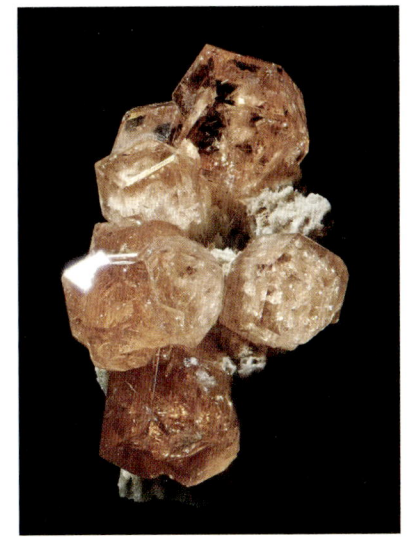

No.31～60

No.51
透輝石
柱状

No.61～91

上／グロッシュラーの柔らか
いオレンジ色が、ルネッサン
ス絵画の暖色を彷彿とさせる。
十二面体と二十四面体が複
合した形が目立つ。

下／淡灰緑色の部分は透輝
石。元アスベスト鉱山からの
産出であるため、一瞬、石綿
かと見まがう姿だが、よく見
ると繊維状ではなく柱状であ

る。結晶成長が早かったため、
このような形をとったものと
思われる。

　西暦79年、イタリアのベスビオ火山は大規模噴火で古代都市ポンペイを一夜にして滅亡させた。後年も噴火をくりかえし、その火山弾の中から発見されたことから名づけられたのが、このベスブ石である。ジェフリー鉱山のベスブ石は、とろけたような結晶と混ざり合った色調が魅力のひとつ。まさに溶岩で溶かされたような見た目をしている。

　透輝石との組み合わせはスカルン鉱床でよく発生するが、ジェフリー鉱山では成因が異なり、超苦鉄質の深成岩が蛇紋岩化した際に共生した。この鉱山はもともと、その蛇紋岩由来のアスベストを採掘していた場所。隣接する町も、かつてはアスベストスといった。

産状　広域変成岩（蛇紋岩化された超苦鉄質深成岩）中

産地　Jeffrey Mine, Val-des-Sources（Asbestos）, Les Sources RCM, Estrie,
　　　Québec, Canada

サイズ　24×23×10mm

No.51
透輝石
薄板状

No.67
ベスブ石
柱状

上／ベスブ石は複雑な化学成分を持ち、どの部分にどんな元素が多いのか調べるのは至難の業。国際鉱物学連合は2024年現在、本鉱の分類について根本的な再検討を行っている。系統立った分類がなされれば、いずれ、この魅力的な色調の原因もわかってくるかもしれない。

下／色と形が溶け合ったようなバイカラーのベスブ石の結晶には、硬質な色気がただよう。黄色い薄片状結晶の集合体は透輝石である。

54 | 苦土橄欖石 var. ペリドット、ルードヴィヒ石

Forsterite var. Peridot, Ludwigite

地球の全体積の83％を占めるマントルを、主に構成している橄欖岩。それを形づくる主要造岩鉱物がこの橄欖石だ。マグネシウムに富んだ橄欖石を苦土橄欖石と呼び、特に緑の美しい結晶は宝石名で「ペリドット」と呼ばれる。

　ほぼ90％が細かい苦土橄欖石でできたダン橄欖岩が、変成を受けて蛇紋岩化する際、苦土橄欖石の一部が再結晶し、大きな結晶となる。その際、ホウ素成分があるとルードヴィヒ石が共生する。本標本の魅力は、ペリドットに鋭いアクセントをくわえているルードヴィヒ石に負うところが大きい。

138

産状　広域変成岩（蛇紋岩化されたダン橄欖岩）中
産地　Sapat Gali, Naran, Kaghan Valley, Mansehra District,
　　　Khyber Pakhtunkhwa Province, Pakistan
サイズ　20×10×9mm

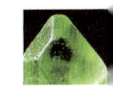

No.25
苦土橄欖石
var.ペリドット
柱状

No.90
ルードヴィヒ石
針状

左上／橄欖石はマグネシウム
や鉄のケイ酸塩鉱物で、マグ
マの噴火によって地表に運ば
れることがある。2018年のキ
ラウエア火山の噴火では、大
量のペリドットが降り注いだ。

右上／ペリドット内部に取り
込まれた針状結晶がルード
ヴィヒ石。このルードヴィヒ石
が、ペリドットが再結晶したも
のであることを教えてくれて
いる。

下／橄欖石は、小惑星探査
機はやぶさが小惑星イトカワ
から持ち帰った微粒子の中に
も見つかっている。

産状：変成岩＞接触変成岩

岩石とマグマが出会い、新たな鉱物が形成される

地中で岩石がマグマと接し、熱で接触部の辺りが変成する。これを接触変成作用と言い、変成（再結晶）が起きた部分を「接触変成岩」と言う。この時の熱の温度は500℃〜900℃。広域変成作用と較べ、圧力の低い場所で、局所的に起きる現象である。

接触した岩石が不純な炭酸塩岩（熱水と反応しやすい堆積岩の一種）だった場合は、さらに一歩進んだ現象が起きる。マグマ側の熱水溶液が岩石に入り込み、岩石側の各種元素がマグマに溶け込んで、互いに変成を起こすのだ。

これは交代変成作用と呼ばれ、岩石の内部でも、固結していくマグマの内部でも、外から供給された元素との化学反応によって、周囲の接触変成岩と組成の異なる、カルシウム、マグネシウム、アルミニウム、鉄などを成分とした鉱物が生じる。この鉱物群から成る岩石をスカルンと言う。

スカルンに伴って金属鉱物が多く集まった一帯は「接触交代鉱床（スカルン鉱床）」と呼ばれる。本項で紹介する標本にもこうした金属鉱物が目立っている。

本項に登場する標本の産地

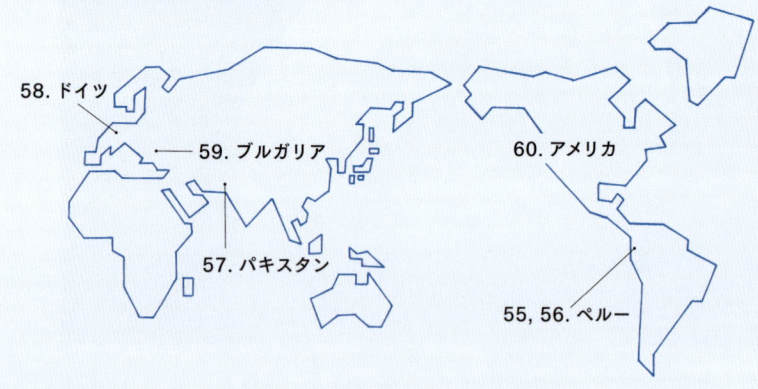

58. ドイツ
59. ブルガリア
60. アメリカ
57. パキスタン
55, 56. ペルー

接触変成岩の中にできる鉱物 （主なもの、有名なもの）	・グロッシュラー ・ベスブ石 ・黄鉄鉱	・方鉛鉱 ・閃亜鉛鉱 ・方解石	・蛍石 ・緑簾石、など

❶ 既存の岩石がマグマと接触し、熱を受けて変成する。
これを接触変成作用と言い、変成した岩石を「接触変成岩」と言う。 元の岩石が火成岩だった場合は、もともとマグマからできているため、影響は限定的である。

❷ だが、元の岩石が特に不純な炭酸塩岩(石灰岩や苦灰岩)だった場合、マグマ側からは熱水が岩石の亀裂に入っていき、岩石側からは溶けだした元素がマグマに移動して、ともに変成を起こす。これを交代変成作用と呼ぶ。

❸ 岩石側では、熱水からケイ素、鉄、アルミニウムなどの供給を受け、亀裂内部や周辺で鉱物が再結晶する。また、マグマ側ではカルシウムやマグネシウムを供給されての固結が、ゆっくりと進んでいく。
そのため、互いの元素が入り混じった鉱物が、双方に生成される。

❹ こうしてできた鉱物群を「スカルン」と言い、とくに有用な鉱石が採掘可能な場所を「接触交代鉱床(スカルン鉱床)」と言う。
スカルン鉱物の代表的なものとしては、**ベスブ石**や**グロッシュラー**、**透輝石**などが挙げられる。

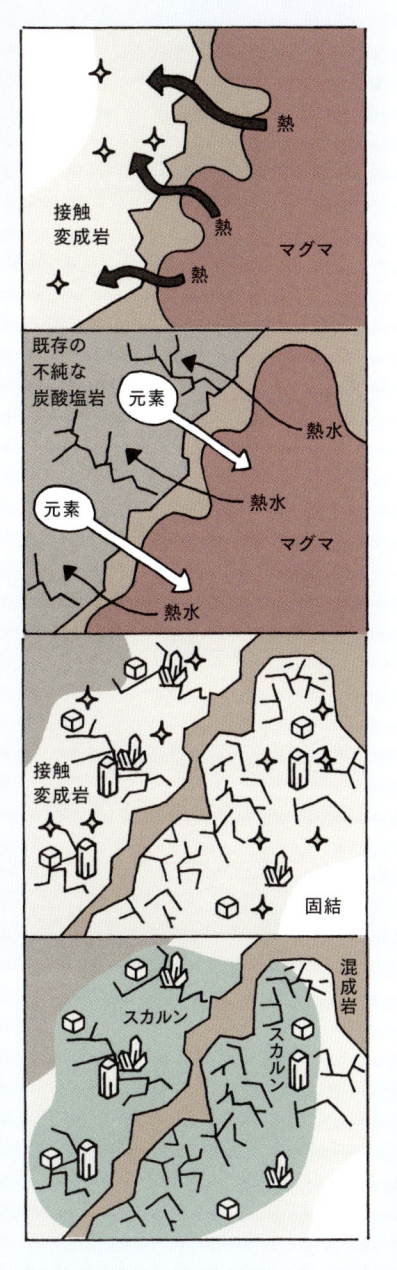

黄鉄鉱、蛍石、方解石
Pyrite, Fluorite, Calcite

ワンサラ鉱山は、日本の三井金属鉱業が半世紀以上にわたって操業している、アンデス山脈中の鉱山だ。白亜紀の石灰岩と石灰質頁岩の変成交代作用でできた、銅・亜鉛・鉛鉱床を有している。黄鉄鉱は、当鉱山の主要鉱石のひとつ。蛍石との組み合わせは珍しくないが、この標本では、金色に輝く黄鉄鉱、ミントグリーンの蛍石、純白の方解石、3つの鉱物結晶がきれいに調和している。なお、ワンサラ鉱山から発見された新種としてワンサラ鉱（Huanzalalite）がある。マンガン重石のマンガンをマグネシウムで置換したものに相当し、2010年、日本人の研究グループによって発表された。

産状　接触交代鉱床
産地　Huanzala Mine, Huanzala, Huallanca District, Bolognesi Province,
　　　Ancash, Peru
サイズ　36×28×17mm

No.1-30

No.12
黄鉄鉱
八面体など

No.31~60

No.61~91

No.73
方解石
菱面体

No.74
蛍石
立方体

蛍石は長波紫外線で紫に、
方解石は短波紫外線で淡い
ピンクに蛍光する。なお、ワ
ンサラ鉱山から1981年に産
出した宝石質のピンク蛍石は、
コレクターの垂涎の的となっ
ている。

5種類の鉱物を乗せた、宝船のような共生標本。真鍮色の黄銅鉱と、透明な灰黄色の燐灰石が美しい。黄鉄鉱と閃亜鉛鉱が皮膜状に溶けているところから、この標本のでき方を推理すると、黄鉄鉱や閃亜鉛鉱が熱水に溶かされた後で燐灰石や水晶ができた、あるいは、最初からすべてが生成していたところへ酸性の強い熱水がきたものと思われる。黄鉄鉱や閃亜鉛鉱のような硫化物は溶けるが、燐灰石と水晶は普通の酸には溶けないからだ。方解石は位置の関係で溶け残ったのだろう。単なる接触変成作用というより、火成岩から導かれた熱水による変成交代作用でできた標本と思われる。

産状　接触交代鉱床
産地　Huanzala Mine, Huanzala, Huallanca District, Bolognesi Province, Ancash, Peru
サイズ　50×38×31mm

左上／灰黄色の燐灰石。燐灰石は結晶構造上、理想的な六角柱状になることが多い。右上／黄鉄鉱と閃亜鉛鉱は、酸性の強い熱水で溶けたあとと推測できる。

左下／母岩の端についた方解石。塊状だが稜線は出ている。右下／水晶のクラスターは、溶けた黄鉄鉱や閃亜鉛鉱の隙間にできている。両者の上に生成した水晶はひとつも見当たらない。少なくともこの三者が共生していたところへ熱水が来て、黄鉄鉱と閃亜鉛鉱だけを溶かしたのだろう。

145

角閃石は主要な造岩鉱物の一群。110種以上を擁する鉱物の一大グループである。パーガス閃石はその一種で、褐色系と緑色系のものがある。変成岩中によく見られるが、大きさと透明感を備えた美結晶となるとまれだ。

　本標本の産地は「パキスタンの桃源郷」と呼ばれるフンザ。標高7000m以上のカラコルム山脈に抱かれた緑の美しい渓谷地帯で、アリアバードという名の村の上方にある大理石層からは、きれいなパーガス閃石がかつて盛んに産出した。パーガス閃石、苦灰石、その周りの大理石、いずれも不純な石灰岩が接触変成作用を受けてできたものである。

産状　接触変成岩ないし、多くは広域変成岩の大理石中
産地　Aliabad, Hunza Valley, Gilgit-Baltistan, Pakistan
サイズ　30×33×12mm

No.1-30

No.22
苦灰石
粒状

No.31-60

No.55
パーガス閃石
長柱状

No.61-91

パーガス閃石の、大きさと透明感を兼ね備えた珍しい美結晶。パーガス閃石は、いろいろな角閃石と固溶体を作る。そのため、正確な名称は化学分析をした上でつけることになる。

パーガス閃石にはクロムやバナジウムが入った、鮮やかな緑色の角閃石が2種ある。クロミオパーガス閃石（別名、愛媛閃石。愛媛県で発見された）と、バナディオパーガス閃石である。

　　ドイツとチェコの国境線にまたがるエルツ山地は、850年の歴史を誇る鉱業地帯だ。12世紀に銀が見つかって以来、さまざまな鉱石が採掘され、約50もの鉱山街が誕生。交通・輸送・水インフラの開発、歴史的通貨「ターラー銀貨」（ドルの語源）の鋳造、そして鉱物学と冶金技術の発展を通じ、世界各地の流通制度、貨幣制度、鉱業に大きな影響を与えたとして、2019年、鉱区全体が世界遺産に登録されている。

　　ニーダーシュラーク鉱山のこの標本は、いわばエルツ鉱山文化の片鱗。そうと知れば、そのシックな佇まいも、ゆえなきものではないように思えてくるから不思議だ。

産状　接触交代鉱床
産地　Niederschlag Mine, Niederschlag, Bärenstein, Erzgebirgskreis, Saxony, Germany
サイズ　40×30×28mm

No.31~60

No.38
石英
(水晶)
微細結晶の
葡萄状集合体

No.61~91

No.74
蛍石
立方体

上／蛍石の中に、茶色と青のゾーニングが何層か見える。成長途中に幾度か変化した周辺の成分を、その度にとりこんで色が変わった部分である。ニーダーシュラーク鉱山では、1949年から1954年にかけて主にウランを、2013年から2023年にかけて主に蛍石と重晶石を採掘していた。

下／通称「ドゥルージー」と呼ばれる細かな水晶の集まりが、蛍石と共生している。当鉱山の蛍石―石英鉱床は、ペルム紀の火成活動に関わる接触交代鉱床である。

59 方鉛鉱、黄銅鉱
Galena, Chalcopyrite

　水晶と金属鉱物が共生した重厚な標本で知られる、デベティ・セプテンブリ鉱山からの産出。標本はよく見られる共生関係だが、溶融した黄銅鉱が方鉛鉱に貫入していったような、ショッキングな外観を呈している。実は黄銅鉱が方鉛鉱に貫入したのではなく、塊状の黄銅鉱を方鉛鉱が包み込むようにして成長した標本。包みきれなかった部分が表面に出ている。

　本鉱山が位置するロードープ構造帯には、古代のさまざまな火山活動が重なって、重要な鉛・亜鉛鉱床が形成された。マーダン鉱区は紀元前から存在し、鉱山内では古代ギリシャのコインが見つかっている。鉱山名の "Deveti Septemvri" は「九月九日」の意。

産状　接触交代鉱床
産地　Deveti Septemvri Mine, Madan ore field, Rhodope Mts., Smolyan Oblast, Bulgaria
サイズ　36×20×25mm

上／方鉛鉱が通常示す端正な結晶面や劈開面と異なる、不明瞭な凹凸が観察できる。一部、別の鉱物が溶けて抜けたような痕跡があり、骸晶（稜の成長が速かった結果、結晶面の中央が凹んで見える結晶）のような部分も見られる。

左下／「自分は本来、鉱石なんだが」とでも言いたげな無骨な質感が、方鉛鉱標本の魅力のひとつである。
右下／方鉛鉱の、隅角を切り落としたような形状は、立方体結晶の成長による晶相変化。

エルムウッド鉱山は、閃亜鉛鉱を主体とする珪岩（チャートや珪質砂岩が熱による変成を受けた岩）中に、かなり低温で生成されたと考えられる鉱床を持つ。共生標本としては鼈甲色の閃亜鉛鉱、紫色の蛍石、犬牙状の方解石、真っ白な苦灰石が組み合わさったものが、多く市場に出た。熱水の浸蝕などで少々溶解した結晶が特に蛍石に目立ち、この標本でも全面に蝕像が認められる上、結晶面自体がへこんだ結果、稜線がたわんで見えている。各結晶の姿といい、米国南部という産地といい、どこか、アメリカ・ゴシック小説の雰囲気を感じさせる標本である。

産状　接触変成岩、または広域変成岩の珪岩中の層状鉱床
産地　Elmwood Mine, Carthage, Smith County, Tennessee, USA
サイズ　24×20×17mm

No.1~30

No.22
苦灰石
菱面体

No.31~60

No.41
閃亜鉛鉱
塊状

No.61~91

No.74
蛍石
融食を受けた
立方体

左上／蝕像ができた蛍石。
熱水の浸蝕や温度圧力の変
化で、結晶面がへこんでいる。
右上／白い苦灰石を背景に、
蛍石と閃亜鉛鉱の小さな結
晶が並ぶ。

下／エルムウッド鉱山では、
亜鉛鉱石としての閃亜鉛鉱
を主に採掘していた。米国の
鉱山用語で、黒い閃亜鉛鉱
をブラックジャック、このよう
に赤みがかった閃亜鉛鉱を
ルビージャックと呼ぶ。

153

産状：酸化帯

化学分解によって、鉱物がカラフルに生まれ変わる

鉱物は大気や雨水、浸透水、地下水、バクテリアなどの影響を受けて酸化し、別の鉱物種に変成・変質することがある。この作用を「酸化作用」と呼ぶ。マグマや熱水から直接生成した鉱物を「初生鉱物」と言うのに対し、変成・変質後の鉱物を「二次鉱物」と言う。

鉱床に酸化が生じた部分は「鉱床酸化帯」と呼ばれ、下部に有用な金属鉱床が見つかることがある。

また、酸化帯そのものが自然金や自然銀を生成している場合もあり、鉱業上重視される。

と同時に、酸化帯からは、青い藍銅鉱（アズライト）に始まり、深紅のコバルト華（エリスライト）、オレンジ色のモリブデン鉛鉱（ウルフェナイト）、カラフルな菱亜鉛鉱（スミソナイト）など、鉱物ファンを喜ばせる色鮮やかな二次鉱物がよく産出する。銅、ニッケル、クロム、コバルト等が主成分の二次鉱物は、とくに発色が良いようだ。

酸化帯が生成させる鉱物群の美しさは、ペグマタイトや熱水脈のものと優劣を問えない。

本項に登場する標本の産地

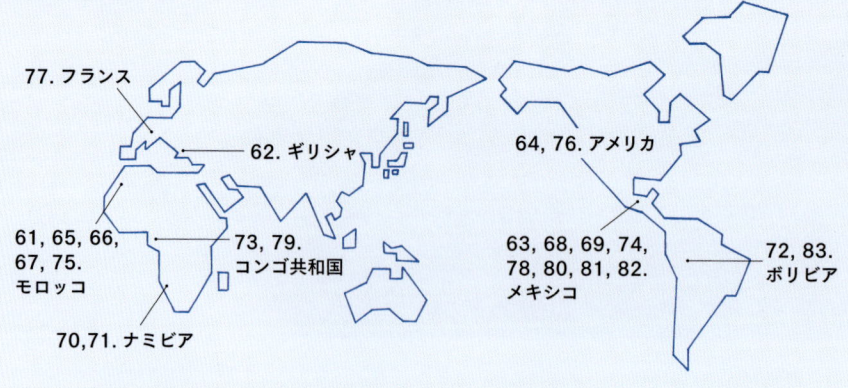

77. フランス
62. ギリシャ
64, 76. アメリカ
61, 65, 66, 67, 75. モロッコ
73, 79. コンゴ共和国
63, 68, 69, 74, 78, 80, 81, 82. メキシコ
72, 83. ボリビア
70, 71. ナミビア

酸化帯の中にできる鉱物 （主なもの、有名なもの）			
・翠銅鉱	・藍鉄鉱	・ラドラム鉄鉱
・コバルト華	・アダム石	・青鉛鉱、など
・白鉛鉱	・菱鉄鉱	

図 解 「 酸 化 が 鉱 物 に 及 ぼ す 影 響 」

❶ 地表の鉱物が、大気や雨水、バクテリアなどの有機物に働きかけられて化学分解を起こし、別の鉱物種に変わることがある。

❷ こうして二次的にできた鉱物を「二次鉱物」と呼ぶ。
元の鉱物を構成していた元素を酸化状態にするため、この作用は「酸化作用」と呼ばれる。
雨水はさらに、地表の鉱物の元素と、地中のさまざまな元素を溶かし込みながら、地下へ浸透していく。

❸ すると地表近くの鉱物も、浸透水による酸化作用を受けて、二次鉱物に変わる。
また、地下浅所の鉱物には、浸透水の他に、流れ込んできた地下水が影響を与えることもある。

❹ 地下水も浸透水同様、さまざまな成分を含んでいる。そのため、元の鉱物種との組み合わせによって、膨大な種類の二次鉱物が生成される。二次鉱物には、鮮やかな色彩を伴うものが多い。
酸化が起きた一帯は「酸化帯」となり、とくに鉱床が酸化した部分は「鉱床酸化帯」と呼ばれ、下部に鉱床が見つかることがある。

　　ロッコのトゥイシット＝ブー・ベッカーは、北アフリカでもっとも重要な鉱業地区のひとつ。
モ　苦灰岩などの炭酸塩岩を交代してきた層状の鉛・亜鉛鉱床、いわゆる「ミシシッピー
バレー型鉱床」を擁する。このタイプの鉱床は高い収益性が見込め、鉱業的に重視される。
　写真の標本は、トゥイシットの銅―鉛―亜鉛鉱床における酸化作用で、藍銅鉱（アズライ
ト）と白鉛鉱が共存したもの。アズライトは銅、白鉛鉱は鉛の代表的な二次鉱物である。ア
ズライトの柱状結晶が積み重なったようなフォルムが、ギリシャの奇岩メテオラや、モロッコの
城砦都市を思わせる、厳めしい標本である。

産状　酸化帯（酸化作用による二次的生成）
産地　Touissit, Touissit-Bou Beker Mining District, Jerada Province,
　　　Oriental Region, Morocco
サイズ　35×17×18mm

No.56
白鉛鉱
柱状など

No.81
藍銅鉱
柱状

上／古代エジプトの時代から
世界各地で、このアズライト
を砕いた青い顔料が用いられ
てきた。

左下／標本背部に生成した
白鉛鉱。アズライトとともに
典型的な二次鉱物に数えら
れる。日本ではアズライトと
の組合せより、青鉛鉱との組
合せで出ることが多いが、ア

ズライトの方が青味が濃く、
色でほぼ区別できる。
右下／照りの強さとエレクト
リック・ブルーがアズライトの
魅力。

157

古代ギリシャ世界における有数の銀の産地として、都市国家アテナイを支えたラブリオ。その都市部から3キロほど離れたところにあるため、現在 "Km-3" と呼ばれる小鉱山でも、やはり古代に銀鉱石が採掘されていた。70年代末から市場流通が始まった当鉱山のニッケル華は、通常見られる粉末状のものとは異なり、肉眼的な美しい結晶で知られる。

　ニッケル華は、ニッケルの砒化物などの酸化分解でできる二次鉱物。そのニッケルをコバルトで置換したものがコバルト華で、結晶形態はほぼ同じである。シャープなニッケル華と、モコモコした鍾乳状の方解石の対比が面白い標本だ。

産状　酸化帯（酸化作用による二次的生成）
産地　Km-3 Mine, Lavrion, Attica, Greece
サイズ　30×27×25mm

No.53
ニッケル華
板状

No.73
方解石
鐘乳状

小さな窪みに咲いたニッケル華の自形結晶群。鮮烈な緑が見る者の目をひきつける。コバルト鉱床上部の酸化帯にできたコバルト華が、鉱床の存在を知らせるように、ニッケル華もまた、ニッケル鉱床を探す手がかりになる。

159

モ リブデン鉛鉱（ウルフェナイト）はモリブデン鉱石としては重視されない。しかし、その黄色からオレンジにかけての大胆な発色と強い照りは、いかにも明るい印象を見る者に与える。しばしば、縦長に伸びた擬八面体やサイコロ状の六面体も見られるものの、大抵は結晶構造にすなおに従った四角板状をしている。鉛の二次鉱物で、含有するクロムの量が増えると赤みを増す。この標本が採取されたのは、メキシコのエイペックス鉱山。主に銀と鉛を採掘していた鉱山で、その鉛鉱床の酸化帯に生成したものだろう。なお、モリブデンをタングステンに置換した鉛重石も全く同じ結晶形と色で出てくることがあり、誤認されやすい。

産状　酸化帯（酸化作用による二次的生成）
産地　Apex Mine, San Carlos, Manuel Benavides Municipality, Chihuahua, Mexico
サイズ　34×23×20mm

No.73
方解石
柱状など

No.78
モリブデン鉛鉱
板状

上／明るい印象を見る者に与えるウルフェナイト。有名産地はアメリカとメキシコ。どちらも陽気なイメージが伴うお国柄なのは、偶然ながらおもしろい。

左下／ウルフェナイトの結晶。表面についている粒は方解石である。
右下／ウルフェナイトは別の和名で「水鉛鉛鉱」とも呼ばれる。

カレドニア石、白鉛鉱、ブロシャン銅鉱
Caledonite, Cerussite, Brochantite

カレドニア石（カレドナイト）は、発見地であるスコットランドの旧名カレドニアにその名をちなむ、大変珍しい鉱物である。希少なのは、銅、鉛、炭酸基、硫酸基、水酸基のすべてが揃わないと生成されないため。この標本では2、3mmの小さな結晶が3つ4つ母岩に乗っているが、大粒な結晶となると、さらにまれになる。カレドナイトは銅と鉛の二次鉱物。一方、共生している白鉛鉱は鉛の、ブロシャン銅鉱は銅の二次鉱物にあたる。1900年にアリゾナで発見された鉱山の、銅・鉛鉱床が酸化してきた標本である。ごく小さいが、まるで思い出の宝箱の底で眠っていたような、深い水色の結晶が美しい。

産状　酸化帯（酸化作用による二次的生成）
産地　Rowley Mine, Theba, Painted Rock Mining District, Painted Rock Mountains,
　　　Maricopa County, Arizona, USA
サイズ　45×35×30mm

No.1~30

No.20
カレドニア石
柱状

No.31~60

No.56
白鉛鉱
柱状、皮殻状

No.61~91

No.66
ブロシャン銅鉱
細粒状

上／深い水色をしたカレドナイトの結晶。

左下／白鉛鉱の透明な柱状結晶が複数、確認できる。カレドナイトは水色、青から緑にかけての発色を示すが、それらは銅に、また強い光沢は鉛に因る。

右下／細粒状を成したブロシャン銅鉱。白鉛鉱とブロシャン銅鉱の組合せによく付随するのは青鉛鉱であり、カレドナイトとの共生はまれである。

　ローズレッドからバーガンディにかけての赤の濃淡。透明感と同居するメタリックな光沢。折れることをいとわぬように尖った薄い板状結晶と、それらの放射状集合体。コバルト華（エリスライト）は粉末状・針状結晶や、球状集合体を成すことも多いが、やはり花に似た形態をとったときが際立って美しく見える。この標本の産地ブー・アザールには、先カンブリア時代の岩石にできたコバルト―ニッケル鉱床があり、主にコバルトの採掘が行われている。その鉱床酸化帯ではエリスライトをはじめ、ローゼ石、コバルト方解石、コバルト・タルメサイトなど、コバルトを発色要因にした赤系の鉱物が多く産出する。

産状　酸化帯（酸化作用による二次的生成）
産地　Bou Azzer District, Tazenakht, Ouarzazate Province,
　　　Drâa-Tafilalet Region, Morocco
サイズ　11×15×20mm

No.1~30

No.30
コバルト華
薄板状

No.31~60

No.38
石英
六角柱状など

No.61~91

上／方砒コバルト鉱に酸化作用が働き、エリスライトが生まれる。水を得てコバルト鉱床の上部に咲いた、地中の花である。エリスライトのコバルトをニッケルで置換したものが

ニッケル華で、化学組成がほぼ中間的な結晶も存在する。だがコバルトの発色の方が強く、かなりのニッケルが含まれていても緑色味は出ずに、ピンク～赤色味がまさる。

下／切り出し小刀のような先端をもつ板状結晶。伸長方向に発達した条線が観察できる。

165

美しい銀の食器やアクセサリーで知られるモロッコ産出の自然銀標本。モロッコはアフリカ有数の銀生産国である。自然銀は、熱水鉱脈の初生鉱物として広く産出するが、実は銀を主成分とするいろいろな硫化物から二次的にできることも多く、銀鉱石の割れ目に粒状、箔状、髭状、樹枝状などの結晶が見られる。銀の用途は半導体、抗菌剤、電池、気象制御など幅広く、食品添加物としてケーキを飾るアラザンの表面にも使われている。

この標本は、共存している方解石の一部を人為的に溶かすことで、樹枝状の自然銀が浮きあがって見えている。まるで銀の月桂冠をかぶったような方解石が誇らしげだ。

産状　酸化帯（酸化作用による二次的生成）
産地　Bouismas Mine, Bou Azzer District, Tazenakht, Ouarzazate Province, Drâa-Tafilalet Region, Morocco
サイズ　44×32×17mm

No.33
自然銀
樹枝状

No.73
方解石
塊状（加工）

上／銀が樹枝状になるのは、成長界面の熱伝導や銀イオンの輸送過程が不規則な場合、界面が不安定になり、結晶が枝分かれを繰り返していくためと言われている。やや黒ずんでいる部分は、硫化銀になっている。

下／方解石を人為的に溶かして、銀を露出させてある。方解石は銀とほぼ同時に成長したか、その後も生成を続けて、銀を包みこんでいたものと思われる。

167

　モロッコはブー・アザール鉱区産の共生標本。ルーペや写真で観察すると、ローゼ石（ローゼライト）の形や色調の繊細な変化が見てとれる。当産地の初生的なコバルト鉱物は方砒コバルト鉱で、それに水が加わって分解し、周囲のカルシウム成分を取り入れてローゼライトが生成した。周りの透明な方解石も、同じカルシウム成分でできたものだろう。薄い抹茶色の塊も、やはり方解石である。ローゼライトの色合いはまさにローズレッドを思わせるが、その名称はドイツの鉱物学者グスタフ・ローゼにちなみ、薔薇色とは関係がない。とはいえ、色とのダブルミーニングも意識したのか、命名者に訊いてみたいものだ。

産状　酸化帯（酸化作用による二次的生成）

産地　Bou Azzer District, Tazenakht, Ouarzazate Province,
　　　Drâa-Tafilalet Region, Morocco

サイズ　20×18×25mm

標本の上部を、側面から見た景色。透明な方解石に周囲を守られるようにして、可憐なローゼライトが結晶している。ブー・アザールでは、ローゼライトからカルシウム分をのぞいたような化学組成を持つコバルト華も、多量に生成されている。

No.73
方解石
錐状、犬牙状

No.73
方解石
塊状

No.91
ローゼ石
短柱状、錐状

メキシコの銅鉱山で採取された共生標本。孔雀石、プランシュ石ともに、銅鉱床の酸化帯に発生する典型的な二次鉱物だが、この標本の孔雀石は藍銅鉱（アズライト）の仮晶である。仮晶とは、もとの鉱物の結晶形を残したまま、中身が別の鉱物に置き換わる現象のこと。ここではアズライトの柱状の輪郭を残したまま、成分が変質し、孔雀石になり変わっている。一般的に美しいとされるタイプの標本ではないものの、いかにも地下世界の暗がりから出てきたような姿に、妖しい胸騒ぎを覚える。孔雀石のベロア生地に似た質感と光沢に、思わずなでてみたくなるが、粉末が皮膚につくとかぶれやすいというのがまた官能的。

産状　酸化帯（酸化作用による二次的生成）
産地　Milpillas Mine, Cuitaca, Santa Cruz Municipality, Sonora, Mexico
サイズ　38×18×20mm

左上／青い球状〜葡萄状のプランシュ石。「プランシェ石」とも呼ばれる。

右上／孔雀石。置き換わったアズライトの、柱状の輪郭を残している。

下／銅の含水ケイ酸塩鉱物は見分けがつきにくい。代表的なものは珪孔雀石だが、研究者の間でも珪孔雀石らしきものを調べてみたらプランシュ石だった、ということがある一方で、プランシュ石だと思っていたものが検査の結果、シャタック石だったこともある、というような、なんとも紛らわしい鉱物たちである。

171

珪孔雀石、水晶
Chrysocolla, Quartz

珪孔雀石は、銅鉱床の酸化帯によくできている鉱物。英名の「クリソコラ」は、ギリシャ語の「金(chrysos)」と「接着剤(kolla)」に由来する。古代ギリシャでは金のハンダづけに用いる物質全般をクリソコラと呼んだ。鉱物学の基盤を作った古代ギリシャの哲学者テオプラストスによる呼称である。

　この標本は、海の波打ち際を切り取ってきたような珍しい形状のもの。母岩の上に微細な珪孔雀石が被膜状集合体を成し、それを水晶が覆って、ジオラマのようになっている。真夏に眺めれば、体感温度が少し下がりそうだ。

産状　酸化帯（酸化作用による二次的生成）
産地　Sonora, Mexico
サイズ　25×26×13mm

No.1-30

No.28
珪孔雀石
皮膜状

No.31-60

No.38
石英
(水晶)
巣晶

No.61-91

上／珪孔雀石を覆った部分では、水晶がやや濃い水色に見えている。珪孔雀石ははっきりした結晶を作らず、塊状、皮膜状で産する。直方晶系とされているが、ほとんど非晶質なので化学組成も曖昧なところがある。

下／この標本はメキシコのソノラ州産とのみ伝わっているが、ソノラ州のミルピラス鉱山では珪孔雀石や青いシャタック石が水晶に覆われた、よく似た標本が採取されており、同鉱山のものである可能性が高い。

「鉱物のデパート」として、世界中に熱烈なファンが多いナミビアのツメブ鉱山。480種以上の鉱物を産し、うち70種以上が当地の原産である。その鉱床は、地下1000メートル以上に達するほぼ垂直な筒状の堆積岩類を、約6億年前の造山運動にともなう熱水が交代してできた大規模なもの。さまざまな金属を含んでいるため、酸化帯にはそれだけ多彩な二次鉱物が生成した。本標本は、その一画から産出したもので、シャープに結晶したモリブデン鉛鉱（ウルフェナイト）と菱亜鉛鉱（スミソナイト）が並置された状態は貴重。双方の結晶形と色合いを、ためつすがめつ見て楽しめる標本で、写真もそのように撮影してみた。

産状　酸化帯（酸化作用による二次的生成）
産地　Tsumeb Mine, Tsumeb, Otjikoto Region, Namibia
サイズ　42×39×24mm

No.1~30

No.13
黄銅鉱
塊状

No.31~60

No.61~91

No.78
モリブデン鉛鉱
板状

No.83
菱亜鉛鉱
菱面体

左上／ウルフェナイトの初生鉱物は、方鉛鉱と輝水鉛鉱であろうと考えられる。ともに珍しい鉱物ではないものの、ウルフェナイトの分布はそう広くない。

右上／スミソナイトは葡萄状・塊状で産することが多く、和名通りの菱形をした結晶は意外に珍しい。

左下／母岩のところどころに、塊状の黄銅鉱が見られる。
右下／ピンクのスミソナイトの発色要因はコバルトやマンガン。菱面体の連なりがユニークな表情を生みだしている。

本書には、以前の所有者がわかっている鉱物標本がいくつか載っているが、この標本もそのひとつ。もとは、40年以上の長きにわたって標本を集めていた米国のコレクター夫妻の所蔵品だった。2002年に夫が亡くなった後も、妻は8年間収集を続けたが、85才になり、「私たちの人生」と呼ぶコレクションをすべて手放すことにした。ふたりの死後、自分たちの愛した標本が散り散りになって、ひとの手に渡り、彼らを喜ばせるところをあの世から見るのが、夫の願いだったという。この標本では、共存した菱亜鉛鉱（スミソナイト）と方鉛鉱が、ともにトロンと溶けて癒着したようになっている。

産状　酸化帯（酸化作用による二次的生成）
産地　Tsumeb Mine, Tsumeb, Otjikoto Region, Namibia
サイズ　24×30×17mm

上／スミソナイトは亜鉛鉱床
の酸化帯のみで見られる典
型的な二次鉱物。微量元素
によって青、ピンク、緑など
さまざまな色を示す。

下／先にできた方鉛鉱が、ス
ミソナイトが二次生成される
際の酸化作用で一部、溶かさ
れているようだ。葡萄状のスミ
ソナイトが端に付着している。

No.72
方鉛鉱
塊状

No.83
菱亜鉛鉱
菱面体、葡萄状

177

藍鉄鉱（ヴィヴィアナイト）は金属鉱床の酸化帯、湖沼の堆積物、粘土層中のノジュール、置換対象の化石といった低温の環境下で生成する。最初は無色透明でも、空気中で主成分の2価鉄が酸化して3価鉄に変化し、次第に青緑〜藍色、さらには黒色になる。

　この標本の産地ワヌニ鉱山には、二次的に集合した錫石の鉱床があり、それに伴って非常に多種類の燐酸塩、硫酸塩の二次鉱物が産出する。とげとげしさと硬度2の繊細さ、青がさす緑、空気に触れるとやがて黒ずんでいく性質。どことなく思春期めいた標本である。できるならこのままの色でいてほしい。

産状　酸化帯（酸化作用による二次的生成）
産地　Huanuni Mine, Huanuni, Dalence Province ,Oruro Department, Bolivia
サイズ　27×32×18mm

左上／ヴィヴィアナイトの結晶。緑色の中に少し青が入っているのがわかる。

右上／土台になっているのは菱鉄鉱の集合体。さまざまな結晶形と晶癖を持つ、変幻自在の鉱物だが、この標本では名前通りの菱面体を示している。

下／ヴィヴィアナイトのシャープな稜線が織りなす結晶美。コバルト華やニッケル華と同じ結晶の形をしている。菱鉄鉱の上で光っている真鍮色の粒は黄鉄鉱である。

73 | 異極鉱、白鉛鉱
Hemimorphite, Cerussite

異極鉱は、柱状結晶の上部と下部で形態が異なる鉱物。英名の"Hemimorphite"もギリシャ語の"hemi（半分）"と"morph（形）"に由来する。異極半面像とよばれる形態で、その代表的な鉱物といえる。白鉛鉱とともに典型的な二次鉱物であり、両者の組み合わせは鉛・亜鉛鉱床の酸化帯でよく見られる。この標本の産地であるコンゴ共和国のムファティも、主に鉛と亜鉛を採掘している地域。白い異極鉱を乗せた白鉛鉱が、髪に花を挿した南洋の女性を思わせる、愛らしい標本である。なお、「コンゴ」とひとくくりにされがちだが、コンゴ共和国と、紛争鉱物問題で注視されているコンゴ民主共和国の2ヵ国がある。

産状　酸化帯（酸化作用による二次的生成）
産地　Mfouati, Mfouati District, Bouenza Department, Republic of the Congo
サイズ　28×15×15mm

No.1~30

No.6
異極鉱
放射状

No.31~60

No.56
白鉛鉱
卓状

No.61~91

上／結晶の上下で形状が異なる異極鉱は、こうした集合体での産出も多く、上下の違いがひと目で確認できることは案外少ない。この標本は先端が平らだが、P.190の別の標本では尖った先端が観察できる。見較べられたい。

下／白鉛鉱は通常、無色〜白だが、ときに黒いものも見つかる。初生鉱物の方鉛鉱が酸化する際、その微細結晶が内部に残り、黒ずんで見えるのだ。20世紀初頭には「シュワルツブライエルツ」（黒鉛鉱石）の名で珍重された。

メ　キシコのサンタ・ロザリアは、西洋風の建築がならぶ海沿いの企業城下町である。
　19世紀、フランス企業が複数の銅鉱山を作った町で、ボレオ地区に属する。ボレオ
石は、その中でももっとも古い銅鉱山のひとつ、アメリア鉱山で1891年に発見された。この
鉱物の魅力は美しいネイビーブルーの立方体。カリウム、鉛、銅、銀、塩素を主成分とする
稀産鉱物で、地下水に塩化ナトリウム（塩分）が多く含まれると、こうした塩素の多い二次鉱
物が生成する。日本では、和歌山県串本町大島の海岸から近縁のキュマンジュ石が見つかっ
ている。この標本では数ミリ大の結晶が身を寄せ合うようにしており、可愛らしい。

産状　酸化帯（酸化作用による二次的生成）

産地　Amelia Mine, Arroyo de la Soledad, Boleo District, Santa Rosalía,
　　　Mulegé Municipality, Baja California Sur, Mexico

サイズ　15×15×10mm

No.75
ボレオ石
立方体状

No.82
硫酸鉛鉱
塊状

上／ネイビーブルーが美しい
ボレオ石。名称は原産地であ
るボレオ地区の名から。銅・
鉛を含む酸化帯に塩素が多
くあるとできる、珍しい二次
鉱物である。

下／標本の背面。白い硫酸
鉛鉱についている小さな青い
点々もボレオ石の結晶だ。硫
酸鉛鉱はモロッコなどで産出
する、黄色く透明な美結晶が
標本としてよく知られている。

葉 片状の重晶石の集合体と、それに寄りそった白鉛鉱の標本。モロッコの内陸部、ミブラデンの産出である。ミブラデンは20世紀前半、フランスによる鉛採掘の中心地だった。各鉱山は1970年代半ばに鉱業採掘を停止したが、コレクター向けの標本採取はまだ続いているようだ。

　白鉛鉱は手に重く、透明なものでもどこかヌメッとした、なまめかしい魅力をたたえている。昔はこの石を砕いて作ったおしろいで、多くの役者や女性が鉛中毒になった。鉛＝毒を含んだ鉱物の魅力というものも、確かに存在するように思われる。

産状　酸化帯（酸化作用による二次的生成）

産地　Les Dalles Mines, Mibladen Mining District, Midelt Province, Draa Tafilalt Region, Morocco

サイズ　25×20×15mm

No.35
重晶石
葉片状

No.56
白鉛鉱
短柱状など

上／白鉛鉱の発達した条線と、とろみのある透明感が観察できる。「セルッサイト」という英名の語源はラテン語の「cerussa」で、"おしろい"を意味する。初生的な方鉛鉱が分解すると、もっとも簡単にできる二次鉱物が、硫酸鉛鉱とこの白鉛鉱である。両方とも直方晶系であり、物理的性質も似ている。

下／葉片状の重晶石に、しずくのような白鉛鉱の結晶がいくつも付着しており、光にかざすとキラキラ輝く。

　　ゼリ石（ベゼリアイト）は銅、亜鉛、リン酸基、水分という単純な組合せでできている
べ　ものの、その割に産出が少ない希少鉱物である。銅だけのリン酸鉱物が、燐銅鉱や
擬孔雀石など7種類あり、それほど珍しくないため、通常はそちらが生成されているものと思
われる。美しさと希少性から、マニアックな鉱物ファンの間で人気が高い。
　　この標本の魅力はなんといってもベゼリアイトの、鋭い刃のような形と冴えた青だ。モース
硬度3.5〜4と決して丈夫な鉱物ではないが、触れれば切れそうな趣きがある。産出は米国
モンタナ州にある金鉱山。ベゼリアイトの陰に、小さな石英が隠れている。

産状　酸化帯（酸化作用による二次的生成）
産地　Black Pine Mine, Philipsburg Mining District, Granite County, Montana, USA
サイズ　10×8×5 mm

No.38
石英
粒状

No.68
ベゼリ石
疑八面体

左上／青く透明なベゼリアイ
トの結晶。銅を主成分とする
二次鉱物である。
右上／ベゼリアイトの銅は亜
鉛によって置換され得るため、
昔は亜鉛の多いベゼリアイト

に別名をつけていたこともあ
る。秋田県荒川鉱山（実際に
は支山である日三市鉱山）産
の荒川石がその例である。

左下／ベゼリアイトの合間に
隠れるようにして集合した石
英。
右下／母岩に落とす影が青く
美しい。

　ラ　ンティニエはフランス中央高地のふもとの斜面地にある、人口900人前後の美しい村。葡萄栽培に適した花崗岩土壌を持つ、ワインの名産地である。かつては村内に5つの鉱山を抱え、19世紀には鉄が、20世紀半ばには重晶石と蛍石が盛んに採掘されていた。1962年に閉山したが、かつては美しいモリブデン鉛鉱（ウルフェナイト）が銘柄標本として有名だった。

　この標本は初生生成した重晶石の群晶に、二次的な生成によるウルフェナイトとミメット鉱が乗って共存しているもの。かなり小さく、小指の爪ほどのサイズで、全体に砂糖細工めいて見え、微笑ましい。

産状　酸化帯（酸化作用による二次的生成）

産地　Lantignié, Arrondissement de Villefranche-sur-Saône, Département du Rhône,
　　　Auvergne-Rhône-Alpes, France

サイズ　12×11×7mm

No.35
重晶石
葉片状

No.77
ミメット鉱
六角柱状

No.78
モリブデン鉛鉱
立方体

上／ウルフェナイトといえば、鮮やかな黄色からオレンジ色をした板状結晶で収集家に人気だが、この標本はコロンとした立方体。発色要因のクロム酸が少ないためか、色も控えめで、慎ましげに見える。立方体のウルフェナイトはメキシコでも産出し、色合いからキャラメルに例えられることがある。

下／薄桃色の重晶石に散りばめられたミメット鉱。小さい六角柱状の姿で、黄色をしていることが多いが、この標本ではほぼ白色。ウルフェナイトとともに鉛の典型的な二次鉱物であり、鉛鉱床でよく共生している。

菱亜鉛鉱、異極鉱
Smithsonite, Hemimorphite

菱　亜鉛鉱（スミソナイト）と異極鉱。かたや多彩な形と色を示し、かたや異極半面像を持つ、一癖ある鉱物同士の競演が、さまざまな角度から楽しめる標本である。スミソナイトは菱面体、柱状、偏三角面体状などを成すが、この標本では細かい結晶が集合し、葡萄の粒のような形になっている。原子の欠陥や配置の偏りで、結晶格子の積み重ねが少しずつ歪んでいき、曲面状になるものと解釈できる。一方の異極鉱も、球状〜葡萄状になることがあるが、ここでは薄板状を呈し、丸いスミソナイトとのコントラストを生んでいる。

　両者は亜鉛の二次鉱物。閃亜鉛鉱を含む鉱床の酸化帯でできた共生標本である。

産状　酸化帯（酸化作用による二次的生成）
産地　San Antonio Mine, East Camp, Santa Eulalia Mining District, Aquiles Serdán Municipality, Chihuahua, Mexico
サイズ　28×35×27mm

No.1~30

No.6
異極鉱
薄板状

No.31~60

No.61~91

No.83
菱亜鉛鉱
球状

左上／異極鉱は結晶の上部と下部で形態が異なり、片方は平ら、片方は尖っている。この集合体では平らな方が上だ。右上／スミソナイトの横顔を、放射状の異極鉱が飾る。

左下／スミソナイトの半透明結晶。通常は白〜灰色をしているが、青、緑、黄、ピンク、その他、多彩な色調を示す。こうした青い色は銅による発色と思われる。

右下／この異極鉱は尖った方が上。異極鉱は異極半面像、すなわち両端の形が異なる結晶を持つ代表的な鉱物である。

191

翠銅鉱は18世紀末にカザフスタンで発見され、当初エメラルドとまちがわれてロシア皇帝に献上された過去がある、珍しくも美しい二次鉱物。割れやすいため宝飾品には向かないが、顔料として用いられ、中東のヨルダンでは、翠銅鉱の顔料でアイラインを描いた新石器時代の人物像が見つかっている。

銅鉱床の酸化帯にでき、珪孔雀石とさして違わない単純な化学組成ながら、産地はあまり多くない。方解石や苦灰石と共生する他、この標本のように石英の隙間で生成していたりする。水晶に包まれた翠銅鉱がどこか愉しげだ。

産状　酸化帯（酸化作用による二次的生成）
産地　Kimbedi, Mindouli District, Pool Department, Republic of the Congo
サイズ　33×35×15mm

No.37
翠銅鉱
菱面体など

No.38
石英
（水晶）
柱状

上／水晶の中でひときわ強く
輝く翠銅鉱。銅の典型的な二
次鉱物で、端部が菱面体の
柱状結晶をつくることが多い。

下／水晶と緑の翠銅鉱の対比
が美しい。翠銅鉱の発色は
銅イオンによるもの。結晶が
小さいほど銅イオンの干渉が
減るため、色は薄くなり、透
明度が増す。

美しい蛍石の周囲を、キラキラ輝く透明な結晶がデコレートした、華のある標本。チェーンを通して首にかければ、そのまま立派なペンダントになりそうだ。

蛍石は石英脈の上に生じたもので、ヒビや欠けなどのダメージが少ない美結晶が揃っている。これをとりまく透明な結晶は方解石。茶色いものは石英脈上の水晶を覆った、いわゆる褐鉄鉱で、酸化作用をこうむった痕跡が見てとれる。

産地は1598年、スペイン人によって発見されたオハエラ鉱山。亜鉛や鉄のヒ酸塩二次鉱物などで有名な、メキシコの古い鉱山である。

産状　酸化帯（最終段階の熱水作用後の酸化作用）

産地　Ojuela Mine, Mapimí, Mapimí Municipality, Durango, Mexico

サイズ　23×30×34mm

No.38
石英
（水晶）
柱状

No.73
方解石
粒状

No.74
蛍石
立方体

上／透明な紫色が美しい蛍石の結晶群。作為のない鉱物の色合いには、物心ついて初めてさまざまな色に憧れた頃の気持ちを、思い出させるようなところがある。

下／輝く方解石の粒が、蛍石を彩っている。茶色い部分は水晶を覆った鉄の酸化鉱物で、いわゆる天然の錆。「褐鉄鉱」の野外名で呼ばれるものだが、これも標本のよいアクセントになっている。

亜鉛孔雀石は読んで字のごとく、孔雀石の銅の一部を亜鉛で置換した鉱物である。亜鉛が入ることで、孔雀石の緑色がかなり青っぽくなっている。亜鉛孔雀石も孔雀石も、はっきりした結晶を作らず、よく塊状で産するため、それらを肉眼で識別するのは難しい。

葡萄状や放射状の結晶もあるが、この標本の亜鉛孔雀石はマットなタイプで、目を近づけるとベルベットに似た質感が見えてくる。きらめく方解石に縁取られてはいるものの、ブツブツしてグロテスクな、おそらくは鉄の酸化物も伴っている。きれいなだけではない、妖しい魅力をたたえた標本である。

産状　酸化帯（酸化作用による二次的生成）
産地　Ojuela Mine, Mapimí, Mapimí Municipality, Durango, Mexico
サイズ　28×37×30mm

上／方解石の菱面体結晶が、亜鉛孔雀石を彩るように生成している。青いベルベットのような質感の亜鉛孔雀石と、白色〜透明な方解石の組み合わせが美しい。

下／亜鉛や鉄のヒ酸塩二次鉱物で有名な、オハエラ鉱山の産出である。茶色い鉱物は鉄の酸化物と思われる。亜鉛孔雀石の下には、おそらくこのブツブツした酸化物が広がっているのではないか。

アダム石は、閃亜鉛鉱や硫砒鉄鉱などを含む鉱床の酸化帯にできる。よく知られているのは銅で黄や緑に色づいた球状集合体だが、この標本は1981年に一度だけ産出した珍しいタイプ。一般的なアダム石とは異なるシャープな菱柱状結晶が、マゼンタ色を示している。発色要因としてはマンガン説とコバルト説がある。

多種類の金属からなる硫化鉱物群を有する鉱床は、マンガンも当然のように含んでおり、この標本ではクリプトメレン鉱が共生している。アダム石とともに母岩から競って生えてきたような姿が、地中の力強い働きを感じさせる標本である。

産状　酸化帯（酸化作用による二次的生成）
産地　Ojuela Mine, Mapimí, Mapimí Municipality, Durango, Mexico
サイズ　30×22×35mm

No.1~30

No.3
アダム石
菱柱状

No.27
クリプトメレン鉱
腎臓状

No.31~60

No.39
赤鉄鉱
細片状

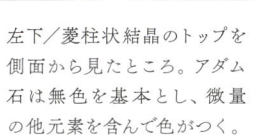

No.61~91

左上／アダム石は亜鉛を主成分とする、数少ないヒ酸塩鉱物のひとつ。
右上／結晶の中央に見えるのは赤鉄鉱。周囲のクリプトメレン鉱の上にも散らばっている。

左下／菱柱状結晶のトップを側面から見たところ。アダム石は無色を基本とし、微量の他元素を含んで色がつく。

右下／二酸化マンガンを主成分とするクリプトメレン鉱。マンガンの主要鉱石である。

199

83 | 燐葉石、菱鉄鉱、閃亜鉛鉱
Phosphophyllite, Siderite, Sphalerite

燐葉石（フォスフォフィライト）は主に燐酸塩ペグマタイトから産出する鉱物。亜鉛を主成分とする燐酸塩鉱物は種類が限られ、だいたいが稀産だが、その中でも稀産中の稀産である。少なくとも燐酸塩ペグマタイトでは、閃亜鉛鉱が伴わないと生じない。「フォスフォ」は燐を意味する言葉で、「フィライト」は完全な劈開が発達し、葉片状になる特徴を持つ鉱物の名によくつく接尾語。フォスフォフィライトは完全な劈開を持つがゆえに割れやすく、モース硬度3〜3.5と傷つきやすい。儚げな色と相まって、一種のヴァルネラビリティ＝脆弱性・攻撃誘発性を感じさせる。だからこそ余計に、凛としたその結晶は美しく見える。

産状　酸化帯（最終段階の熱水作用後の酸化作用）
産地　Unificada Mine, Cerro Rico, Tomás Frías Province, Potosí, Bolivia
サイズ　20×8×8mm

No.41
閃亜鉛鉱
塊状

No.85
菱鉄鉱
塊状

No.88
燐葉石
柱状

左上／フォスフォフィライトは
閃亜鉛鉱を材料にできること
が多い。
　右上／フォスフォフィライトの
繊細な薄荷色を、クリーム色
の菱鉄鉱が引き立てている。

左下／よく見ると、母岩に結晶
が乗っているのではなく、菱
鉄鉱に成長をはばまれ、その
隙間から負けじと育った部分
が結晶していることがわかる。

右下／傷つきやすく、割れや
すく、酸にも弱い。ジュエリー
にはまったく向かないところ
が、かえってフォスフォフィラ
イトの魅力になっている。

おわりに —岩石の循環について—

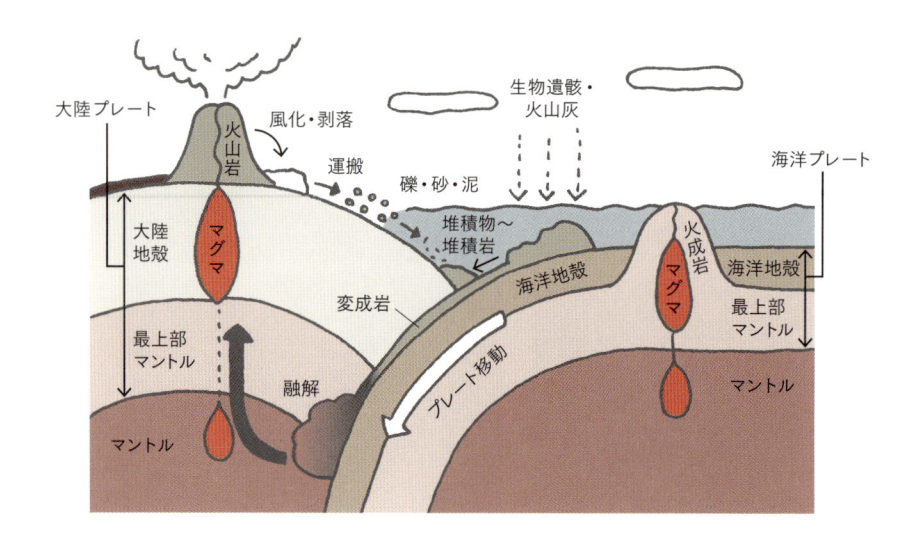

　以上、共生標本83体をご覧いただいた。各標本の紹介とともに、各産状と3種の岩石、「火成岩」「変成岩」「堆積岩」の成因を解説してきたが、最後にこれら岩石の循環について述べたい。

　堅固なもの、不動なものの代名詞である岩石も、何千万年、何億年というスケールで見れば、位置を変え、姿を変えていく。例えば「火成岩」や「堆積岩」は大陸地殻の下に入り、「変成岩」になったあと、さらに深部に潜ればマントル上部で融け、マグマになる。このマグマが上昇して固結すれば、再び「火成岩」になる。これが浸食・風化作用でカケラや塵になれば、「堆積岩」の元となる。この循環をわかりやすく図にしたのが上のイラストだ。

　とはいえ、事は一方向のみに進んでいくわけではない。「変成岩」が地殻変動で地表に出て、風化・堆積作用を受ければ、「堆積岩」の元になるし、「堆積岩」がマ

グマにそのまま溶け込んでしまえば、固結後は「火成岩」になる。さらに、こうした動きは可逆的なものでもある。

　ここで強調したいのは、かくも壮大な仕組みの中で、物質の移動・交代が行われ、都度、岩石の中の鉱物が変成したり、消滅したり、新たに生まれたり、を繰り返しているということ。

　人間の時間尺度や生滅など意に介さない地球が、誰に見せるでもなく、無作為に生み出しつづける美しき結晶——。それが鉱物なのである。

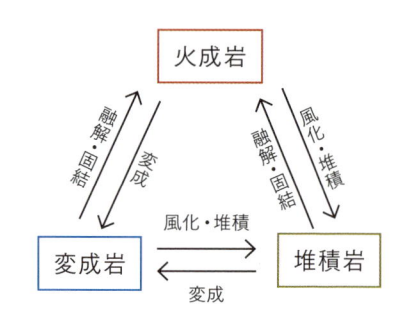

用語解説 ※五十音順

あ

アルプス型脈　→ P.102

安山岩　ケイ酸分が52〜66%程度の火山岩。

か

角礫　岩石が砕けて生じた角ばった岩片。

花崗岩　石英とカリ長石を主成分とする深成岩の一種。淡灰色や淡紅色が特徴。

火山岩　火成岩の一種。地表、もしくは地表付近でマグマが固まってできる。

火成岩　マグマが固まってできる岩石の総称。火山岩と深成岩に大別される。

希土類元素　元素周期表の第3族に属する計17元素の総称。レアアース。

凝灰岩　火山灰などが固まってできた堆積岩の一種。軽く軟らかいものが多い。

共生　複数の種の鉱物が同時に安定に生じること。

共存　共生以外の鉱物の集合状態。

キンバーライト　火成岩の一種。ダイヤモンドの母岩として知られる。

玄武岩　ケイ酸分が45〜52%前後の火山岩。

苦鉄質　鉄やマグネシウム（苦）を多く含んだ性質のこと。対義語は「珪長質（けいちょうしつ）」。

苦灰岩　主に苦灰石から成る堆積岩。

珪質　ケイ素を多く含んだ性質のこと。対義語は「苦鉄質」。

結晶片岩　片理を持った変成岩の一種。単に「片岩」ともいう。

頁岩　薄片状に剥がれやすい堆積岩の一種。「頁（けつ）」は本の“ページ”を意味する。

鉱脈鉱床　鉱石や天然ガスなど、有用元素の大規模な集合地帯。

鉱脈　鉱床岩石の割れ目を、採掘して採算が合う量の有用鉱物が満たした鉱床の一種。

広域変成岩　→ P.118

鉱石　経済的に利益をあげうる岩石。

交代変成作用　→ P.140

固溶体　結晶構造を同じくする2種類以上の鉱物の混合物。混合比は結晶によってさまざまだが、個々の内部では均質化されている。

さ

再結晶　環境の変化で、既存の結晶が新しく結晶すること。多くの場合はより粗粒になる。変成作用によって既存の鉱物から別種の鉱物ができる場合も、再結晶と言う。

砂岩　砂が積もってできた堆積岩の一種。

酸化帯　→ P.154

産状　鉱物が生じた際の状態や成因、生成場のこと。

自形　その鉱物種がとる、原子配列に基づく形。

蛇紋岩　橄欖岩が水と反応してできる変成岩の一種。

集形　異なる多面体の特徴が複合して現れた結晶形のこと。

昇華　気体から直接固体が生じること。また逆に、固体が直接気体になること。

晶出　液体や気体から結晶が析出すること。

条線　結晶面に発達した平行な線（溝）。

晶相　同種の鉱物でも、結晶面の種類が違うために差異が生じた結晶ごとの形。

晶癖　結晶面の種類は同じでも、各面の成長具合で差異が生じた結晶ごとの形。

蝕像　結晶の表面が、熱水や酸、温

度圧力の変化で溶かされてできる凹み。

初生鉱物 火成・熱水作用、堆積作用、広域・接触変成作用で直接生成された鉱物。

深成岩 マグマが地下深くで固結した岩石。

錐面 結晶先端の斜めになった面（主軸に対し斜めの面）。

スカルン → P.140

成長界面 成長中の結晶の面と、環境相（液相、気相など）の間の境界のこと。

析出 液相、気相から固体が生じる現象。

石灰岩 炭酸カルシウムが主成分の堆積岩。サンゴの遺骸や貝殻が堆積してできる。

石基 火成岩の斑状組織の斑晶を囲む微細結晶やガラス質が混ざった部分。

接触変成岩 → P.140

接触変成作用 → P.140

閃長岩 主にアルカリ長石や角閃石、輝石でできた深成岩。

閃緑岩 斜長石、輝石、角閃石を主成分とする深成岩。

造岩鉱物 岩石を構成する鉱物。主に輝石類、角閃石類、雲母類、橄欖石類、石英や長石類など。

た

堆積岩 塵や灰、生物の遺骸が積もってできた岩石。砂岩、泥岩、苦灰岩、石灰岩など。

他形 成長を阻害され、自形の結晶形を示していない形のこと。

多色性 見る角度によって結晶の色が変化する性質のこと。

探掘 すでに発見されている鉱山、

油田で、その拡がりを調べるため行う掘削。

探鉱 有用鉱物を探すための調査活動。

炭酸塩岩 主に炭酸塩鉱物でできた堆積岩。

置換 原子配列を保ったまま、原子が入れ替わること。

チャート 放散虫や海綿骨針の遺骸などが集まってできた石英質の堆積岩。

柱面 柱状結晶の側面（主軸に平行な面）。

超苦鉄質岩 輝石、橄欖石などの苦鉄質鉱物で70％以上が構成された火成岩。

同質異像 同じ化学組成でありながら、原子配列が違うため現れる異なった結晶形。多形とも言う。

な

肉眼的 肉眼視できるサイズを持つこと。

二次鉱物 既存の鉱物が化学変化を起こしてできた別種の鉱物。

ノジュール 堆積岩の中にできる、周囲と成分を異にする硬い球状の団塊。

は

半自形 自形の結晶形を、部分的に示している形のこと。自形と他形の中間。

斑晶 火成岩の石基に囲まれた粗粒の結晶。

非晶質 原子や分子が結晶構造を持たず、不規則に配列して固体化した状態。

副成分鉱物 微小な粒でわずかに含まれている造岩鉱物。

紛争鉱物 軍事政権や反政府組織の資金源になり、紛争を助長させる鉱物のこと。収奪や暴力、強制労働、児童労働など人権蹂躙に結びつく。

分泌脈 岩石からの分泌作用によって、鉱物質を溶かした液体が染みだし、岩石の割れ目に鉱物を沈殿させて作った脈のこと。

劈開 原子の結合が弱い方向の結晶面に並行して割れやすい性質。

片岩 → 結晶片岩

変質岩 熱水と接触して変質した岩石。

変成岩 変成作用を受けてできた岩石。

変斑れい岩 深成岩の一種。斑れい岩が地下深くの高い温度・圧力を受けてできる。

片麻岩 結晶片岩が、さらに地下深く沈み込んでできる変成岩の一種。

ら

ラテライト 鉄やアルミニウムの水酸化物を多く含んだ赤土色の土壌。

流紋岩 ケイ酸分が66％以上の火山岩。

両錐 結晶の両端が錐状に尖ったもの。

稜線 隣りあうふたつの結晶面の境界の線。

連晶 結晶軸を共有して並行に連接した複数の結晶のこと。

露頭 地表に現れた岩石や鉱脈の一部。

アルファベット

psm. "pseudomorph（仮晶）"の略。

var. "variety（変種）"の略。

参考文献

『アヒマディ博士の宝石学』阿依アヒマディ (アーク出版)

『岩石・鉱物図鑑』クリス・ペラント、ヘレン・ペラント (創元社)

『岩石と鉱物』ロナルド・ルイス・ボネウィッツ (化学同人)

『結晶成長』齋藤幸夫 (裳華房)

『考古学と自然科学』第 46 号 (日本文化財科学会)

『ゴールド 金と人間の文明史』ピーター・バーンスタイン (日本経済新聞出版)

『鉱物結晶図鑑』松原 聰 (東海大学)

『The Jim & Dawn Minette Collection』Dawn Minette(Lithographie, LLC)

『資源問題の正義 コンゴの紛争資源問題と消費者の責任』華井和代 (東信堂)

『新鉱物発見物語』松原 聰 (岩波書店)

『新版 鉱物分類図鑑 323』青木正博 (誠文堂新光社)

『図説 鉱物肉眼鑑定学事典』松原 聰 (秀和システム)

『図説 鉱物の博物学』松原 聰、宮脇律郎、門馬綱一 (秀和システム)

『増補版 鉱物・岩石入門』青木正博 (誠文堂新光社)

『楽しい鉱物図鑑』堀 秀道 (草思社)

『地質ニュース』531号 (地質調査総合センター)

『天然石のエンサイクロペディア』飯田孝一 (亥辰舎)

『別冊　鉱物事典』(ニュートンプレス)

『三つの石で地球がわかる』藤岡換太郎 (講談社)

『Dana's New Mineralogy: The System of Mineralogy of James Dwight Dana and Edward Salisbury Dana』Richard V. Gaines, H. Catherine W. Skinner, Eugene E. Foord, Brian Mason, Abraham Rosenzweig（Wiley-Interscience）

参考 WEB サイト

Mindat.org (https://www.mindat.org/)
GIA (https://www.gia.edu/)
Colorado School of Mines (https://www.mines.edu/)
英国王立化学会 (https://www.rsc.org/)
The Diggings (https://thediggings.com/)
西予市立城川地質館ホームページ (http://seiyo-geo.jp/chishitsu/)

執筆・撮影　小野塚謙太　おのづか けんた

文筆業。鉱物収集家。1974年、東京都生まれ。日本大学芸術学部文芸学科中退。特撮ＣＧ会社ビルドアップに入社し、食玩の開発や教育番組の制作に携わる。円谷プロダクション編入後は劇場映画や動画サイトの企画開発に参加。著書に『超合金の男 –村上克司伝–』(アスキー・メディアワークス)、『被爆電車75年の旅』(ザメディアジョンプレス)など。好きな石は天藍石とベゼリ石。趣味は鉄スクーターとバードウォッチング。

監修　松原 聰　まつばら さとし

理学博士。1946年、愛知県生まれ。京都大学大学院理学研究科修士課程修了。元国立科学博物館研究調査役・元地学研究部長。元日本鉱物科学会会長。主な著書に『ダイヤモンドの科学』(講談社)、『新鉱物発見物語』(岩波書店)、『図説 鉱物肉眼鑑定辞典』『図説 鉱物の博物学』(ともに秀和システム)などがある。専門は鉱物科学、とくに野外鉱物学と記載鉱物学。

協力　戸田千晶
Linda St-Cyr(Middle Earth Minerals)
安齋英哉

美 し い 共 生 鉱 物 の 図 鑑

2025年1月7日　初版第1刷発行

著者　小野塚謙太
発行者　三輪浩之
発行所　株式会社エクスナレッジ
〒106-0032 東京都港区六本木7-2-26
https://www.xknowledge.co.jp/

問合わせ先　［編集］TEL 03-3403-1381／FAX 03-3403-1345
info@xknowledge.co.jp
［販売］TEL 03-3403-1321／FAX 03-3403-1829